21世纪高等教育计算机规划教材

AutoCAD
平面设计教程

AutoCAD Graphic Design

胡正飞 主编

U0351957

人民邮电出版社

北 京

图书在版编目（CIP）数据

AutoCAD平面设计教程 / 胡正飞主编. -- 北京：人
民邮电出版社，2013.9（2018.7 重印）
　21世纪高等教育计算机规划教材
　ISBN 978-7-115-32629-4

Ⅰ．①A… Ⅱ．①胡… Ⅲ．①AutoCAD软件—高等学校
—教材 Ⅳ．①TP391.72

中国版本图书馆CIP数据核字(2013)第177343号

内 容 提 要

本书以 AutoCAD 2008 为平台，结合工程设计和应用，系统地讲述计算机辅助设计软件 AutoCAD 平面设计方法，揭示了 AutoCAD 各种功能的使用方法、技巧和应用场合。全书共分 8 章，主要内容包括 AutoCAD 基本操作、平面图形绘制、图形特性及应用、图形复用、尺寸标注、常用绘图命令详解、常用修改命令详解、图形输入输出与查询等。此外，本书设计了大量平面图形练习实例。

本书结构新颖，语言简练，结合工程，实例丰富。

本书面向 AutoCAD 初学者，可作为各类 CAD 培训班及大中专院校相关课程计算机绘图的教材，也可供各类工程设计人员做参考使用。

◆ 主　　编　胡正飞
　　责任编辑　滑　玉
　　责任印制　彭志环　杨林杰

◆ 人民邮电出版社出版发行　　北京市丰台区成寿寺路 11 号
　　邮编　100164　电子邮件　315@ptpress.com.cn
　　网址　http://www.ptpress.com.cn
　　北京中石油彩色印刷有限责任公司印刷

◆ 开本：787×1092　1/16
　　印张：11.75　　　　　　　　　2013 年 9 月第 1 版
　　字数：294 千字　　　　　　　2018 年 7 月北京第 3 次印刷

定价：32.00 元
读者服务热线：(010)81055256　印装质量热线：(010)81055316
反盗版热线：(010)81055315

前　言

计算机辅助设计（Computer Aided Design,CAD）是指利用计算机软硬件进行产品或工程设计、开发、分析、研究的一门综合性应用技术。随着计算机软硬件技术的不断发展进步，CAD 技术功能日益强大，在机械、建筑、土木、园林、水利、船舶、电力、电子、化工、服装等所有工业、工程领域得到了广泛的应用。

AutoCAD 是美国 Autodesk 公司于 1982 年开发的通用计算机辅助设计应用软件，是目前功能最强大、操作最简便、使用最流行的通用二维计算机辅助设计程序。实际上 AutoCAD 是一个真正的三维 CAD 应用软件，使用它不仅可以完成完美的平面设计，还可以设计非常复杂的三维模型，但由于其不具有参数化功能，没有提供模型树，形体尺寸、约束关系编辑十分困难，一旦出现操作失误，模型恢复也非常不便，目前已被基于特征的参数化设计方法所取代。本书扬长避短，讲述 AutoCAD 平面设计应用。如果读者志在三维建模应用，建议选择 Autodesk Inventor、SolidWorks、ProEngineer 等专业软件。

本书作者自 1991 年第一次接触使用 AutoCAD V2.6，从事计算机辅助设计应用与教学已有二十多年，使用 AutoCAD 完成了工程机械、电子设备、电信设计、工业装备等数十个产品的开发研制工作，主讲了计算机辅助设计、工程制图、汽车构造等多门课程，积累了丰富的计算机辅助设计应用与教学经验。本书是作者总结长期以来工程应用与教学成果，总结归纳多年的 AutoCAD 培训资料基础上编写而成，具有非常强的针对性，体现以下两个显著特点。

（1）以绘制工程图样为目标，将工程设计和应用与 AutoCAD 功能相结合。

（2）以保证学习效果为目标，将平面图形结构特点与 AutoCAD 功能相融合。

约束决定图线。与手工仪器绘图不同，计算机辅助设计的最大优点在于其强大的图形编辑和衍生功能，用户可以利用图线间的约束关系实现图线复用，精确保证图线间的位置关系。本书聚焦于平面图形的 AutoCAD 实现，而非帮助式的命令解释，这是本书最大优点所在。

特定类型的图形（如表格、倒角、圆角等）应使用专用命令快速绘制，因此本书对这类常用命令常用选项及应用做了详细的解释。

虽然 Autodesk 几乎每年都会推出全新版本的 AutoCAD，但所有版本的 AutoCAD 基本功能却是相同的，一般只在操作界面上加以改进，或者增加一些创建复合体命令而已。比如在较早版本的 AutoCAD 中，就没有表格、多线命令。软件版本新，自然对计算机软硬件要求也高，由于经济、法律等多方面的原因，实际上企事业单位一般使用的 AutoCAD 版本都较低，基于此，本书以目前使用较广泛的 AutoCAD 2008 为基础，讲授 AutoCAD 平面设计方法。如果读者使用不同于 2008 版本的 AutoCAD，参考本书内容，根据命令类别，可以非常容易地找到相应命令菜单或工具条按钮，或直接从命令行输入命令。

本书将工程设计和应用、工程制图教学与 AutoCAD 功能相结合，以绘制符合工程规范的工程图样（图形）为目标，进行组织和编写。全书共分 8 章，主要内容有 AutoCAD 基本操作、平面图形绘制、图形特性及应用、图形复用、尺寸标注、常用绘图命令详解、常用修改命令详解、图形输入输出与查询等。每一章均结合工程实际编排大量操作实例，并在结尾设计了大量练习。任何读者按本书实例认真操作，独立完成所有练习，仔细体会命令选项含义及用途，就一定能够胜任平面工程设计工作。

为方便读者识别，本书所有实例操作过程描述中，对命令提示的响应均以灰色底纹印刷。

本书主要面向 AutoCAD 软件的初学者，对有一定 AutoCAD 基础知识但缺乏使用经验的工程技术人员能提供非常有益的帮助。

在本书编写过程中，南京邮电大学窦军老师提供了大量有益的建议和帮助。此外，为本书编写作出贡献的还有陈莹梅、胡旭、张莉、黄敏娣、王年树、谢继东、赵来定、顾潇等。

本书编写过程中，参考了一些教材与著作，在此向文献的作者表示感谢。部分练习素材来自于互联网，但由于时间久远，图形检索不易，已无法记忆来源网页，在此对素材原创者表示诚挚的感谢与歉意。此外，本书编写过程中，得到南京邮电大学理学院王友国、李雷、任盛海等领导的指导，在此一并表示谢意。

限于编者水平，书中疏漏与不当之处难以避免，敬请广大读者不吝赐教，任何批评或建议请发送邮件到 huzf@njupt.edu.cn，在此作者先表谢意。

编　者
2013 年 8 月

目 录

第1章
AutoCAD 基本操作

AutoCAD 是美国 Autodesk 公司开发的计算机辅助设计软件，用于二维绘图和基本三维设计，具有良好的用户界面，通过交互菜单或命令行方式完成各种操作，是国际上最为流行的二维绘图工具。

Autodesk 公司在 1982 年推出了第一个版本 AutoCAD V1.0，随后相继推出了 AutoCAD V2.6、AutoCAD 9、AutoCAD 10、AutoCAD 12、AutoCAD 13、AutoCAD 14、AutoCAD 2000、AutoCAD 2004、AutoCAD 2008 等典型版本，至今已发展到 AutoCAD 2013。在这 30 多年的时间里，AutoCAD 产品在不断适应计算机软硬件发展的同时，自身功能也日益增强且趋于完善，至今已集平面作图、三维造型、数据库管理、渲染着色、互联网等功能于一体，并提供了丰富的工具集。

Autodesk 几乎每年都会推出新版本的 AutoCAD，然而究其本质而言，各版本 AutoCAD 基本功能是一致的。本书基于经典版本 AutoCAD 2008 讲述 AutoCAD 基本概念与操作。

1.1　AutoCAD 2008 操作界面

AutoCAD 2008 安装完成后，运行 Windows 程序菜单中的 AutoCAD 2008 快捷方式，启动 AutoCAD 2008，其程序操作窗口如图 1-1 所示。

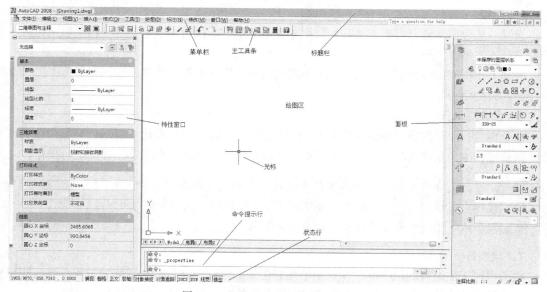

图 1-1　AutoCAD 2008 应用程序窗口

AutoCAD 程序窗口主要包括以下几个组成部分。

1. 标题栏

标题栏显示应用程序名称（AutoCAD 2008）及当前编辑的图形文件名称及路径。

2. 菜单栏

AutoCAD 2008 将所有命令分门别类地放置在不同的菜单中，主要包括以下菜单。

文件：包含所有文件操作命令；

编辑：包括 Windows 剪贴板操作命令；

视图：包括图形再生、缩放、平移等命令；

插入：包含插入图块、外部参照、光栅图像等命令；

格式：包含设定图形对象特性、样式等命令；

工具：包含系统操作界面设定、设计数据查询、用户坐标系定义等命令；

绘图：包含所有创建新图形元素命令；

标注：包含尺寸标注、注释的命令；

修改：包含编辑修改命令；

窗口：包含 Windows 窗口操作命令；

帮助：包含 AutoCAD 2008 帮助命令。

3. 主工具条

主工具条包括工作空间设置下拉列表框及新建、打开、保存、打印、特性匹配、块编辑器、放弃等命令按钮，如图 1-2 所示。

图 1-2　AutoCAD 2008 主工具条

4. 特性窗口

特性窗口一般位于 AutoCAD 窗口左侧，执行"修改→特性"命令可以显示特性窗口，选择菜单"工具→选项板→特性"或使用快捷键"Ctrl+1"可以打开或关闭特性窗口。

5. 面板

面板一般位于主窗口右侧，是一些常用工具条的集合。执行命令"工具→选项板→面板"命令可打开或关闭选项板。

根据工作空间的设置不同，面板显示不同的内容。图 1-1 所示为工作空间设置为"二维草图与注释"时的面板。

6. 命令提示行

命令提示行位于主窗口绘图区的下方。绘图过程中，AutoCAD 在命令提示行显示命令名称及命令执行过程中的全部选项，初学者应仔细阅读命令提示行内容，根据实际需要进行操作。

如果命令提示行显示的字符为乱码时，可执行命令"工具→选项"，在"选项"对话框中选择"显示"选项卡，再单击"字体"按钮，在"命令行窗口字体"对话框中改变默认字体为中文字体即可，如图 1-3 所示。

7. 状态行

状态行位于主窗口的最下面，显示当前光标位置的坐标，并包含一系列的按钮，这些按钮是控制系统重要功能的开关，如图 1-4 所示。在接下来的章节中将详细介绍这些重要功能。

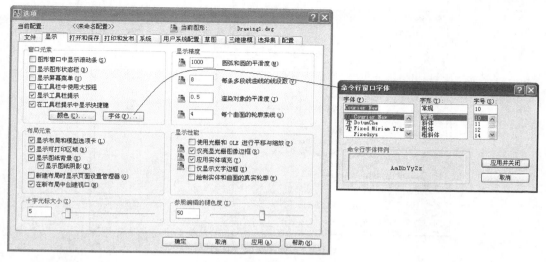

图 1-3　命令提示行窗口字体设定

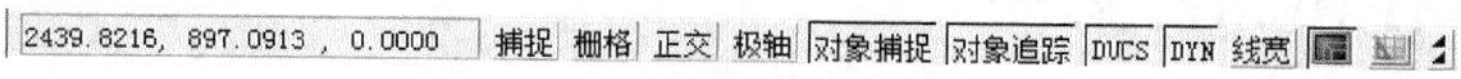

图 1-4　AutoCAD 2008 状态行

8．绘图区

绘图区位于主窗口的中间，当光标位于绘图区时，光标变为小十字形。AutoCAD 绘图区是无限大的，可以对其进行缩放、平移等操作。

1.2　AutoCAD 文件操作

与一般 Windows 应用程序一样，创建、打开、保存图形文件等操作是 AutoCAD 图形文件管理的常用操作。

1.2.1　新建图形文件

新建图形文件使用 New 命令，可以使用下述方式之一启动新建文件命令。

（1）用键盘输入命令 New。

（2）选择菜单"文件→新建"命令。

（3）单击主工具条"新建"按钮 。

（4）使用快捷键 Ctrl+N。

执行新建文件命令后，AutoCAD 弹出如图 1-5 所示"选择样板"对话框，选择合适的样板文件，单击"打开"按钮，就可以在样板文件基础上创建新图形文件，新图形文件的默认名称为"Drawing"加数字序号，如"Drawing1.dwg"字样。

样板文件主要定义了图形的输出布局、打印样式、图纸、图框、标题栏、单位制、文字样式、标注样式等信息。用户可以定制自己的样板文件，以满足本单位或本项目要求。

单击"打开"按钮右侧的 按钮，用户可以创建无样板的公制或英制图形文件。

默认的样板文件是创建上一个图形文件时使用的样板文件。

图 1-5 "选择样板"对话框

1.2.2 保存和加密文件

1. 保存文件

绘图过程中应随时保存图形文件,以免因死机、掉电等意外事故造成损失。

可以通过如下途径保存图形文件。

(1)选择菜单"文件→保存"或"文件→另存为"命令。

(2)输入命令 Save 或 Saveas。

(3)单击主工具条保存按钮 。

(4)使用快捷键 Ctrl+S。

如果是创建新图形文件后第 1 次执行保存文件命令,AutoCAD 弹出如图 1-6 所示"图形另存为"对话框。用户应在"保存于"下拉列表框中设置保存路径(文件夹),在"文件名"下拉列表框中输入要保存的图形文件名称(可以省略文件后缀名 dwg),在"文件类型"下拉列表框中选择要保存的文件类型,最后单击"保存"按钮,就可将当前图形以设定名称保存到指定文件夹中。

图 1-6 "图形另存为"对话框

如果当前图形已经按设定名称保存到指定文件夹，再次执行保存命令，AutoCAD 不再进行任何提示，直接将修改后的当前图形以当前文件名保存到指定文件夹中。用户在绘图过程中，应经常性地执行保存命令。

AutoCAD 图形文件后缀名为 dwg。

可以将 AutoCAD 文件保存为如下文件类型。

① 当前版本 AutoCAD 图形，后缀名为 dwg。

② 较低版本 AutoCAD 图形，后缀名为 dwg。

③ 与当前版本 AutoCAD 对应的图形交换文件，后缀名为 dxf。

④ 与较低版本 AutoCAD 对应的图形交换文件，后缀名为 dxf。

⑤ AutoCAD 图形样板，后缀名为 dwt。

当将图形文件保存为 AutoCAD 图形样板时，AutoCAD 自动切换保存路径为 AutoCAD 样板文件目录，并将该目录设置为后续新建文件的默认保存目录，因此用户在保存新建文件时应留意保存位置。

2. 加密文件

在 AutoCAD 保存文件时，可以使用密码保护功能对文件进行加密，限制打开文件的用户范围，提高技术文件的安全性。加密图形文件的方法如下。

（1）在"图形另存为"对话框中单击"工具"按钮，从下拉列表框中选择"安全选项"，弹出如图 1-7 所示"安全选项"对话框。

（2）在"用于打开此图形的密码或短语"文本框中输入密码，单击"确定"按钮，AutoCAD 弹出"确认密码"对话框。

（3）在"确认密码"对话框中再次输入相同的密码，单击"确定"按钮，返回"图形另存为"对话框，指定图形文件名称和类型后，单击"保存"按钮，就保存了一个经过加密的 AutoCAD 图形文件。

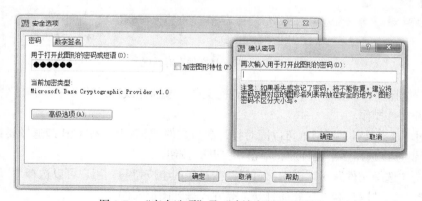

图 1-7　"安全选项"及"确认密码"对话框

当用户试图打开一个经过加密的图形文件时，AutoCAD 将提示用户输入正确的密码，否则用户将不能打开该文件。

1.2.3　打开与关闭文件

1. 打开 AutoCAD 文件的方式

可以使用如下方式打开 AutoCAD 图形文件。

（1）在 Windows 资源管理器中选择欲打开的 AutoCAD 图形文件，回车或双击该文件名称或图标，Windows 将利用文件关联功能自动运行 AutoCAD 应用程序打开该文件。如果该文件已经在 AutoCAD 应用程序中打开，AutoCAD 将提示用户以只读方式打开。

（2）利用 AutoCAD"文件"菜单中的文件列表打开近期编辑的图形文件。AutoCAD 在文件菜单下方自动添加最近编辑的 9 个图形文件。

（3）执行 Open 命令，方法有 4 种。

① 选择菜单"文件→打开"命令。

② 单击主工具条"打开"按钮 。

③ 用键盘输入命令 Open。

④ 使用快捷键 Ctrl+O。

2．执行打开命令后的各种操作

执行打开命令后，AutoCAD 弹出"选择文件"对话框，如图 1-8 所示。

图 1-8　"选择文件"对话框

（1）在"选择文件"对话框中双击欲打开的文件，或选择欲打开的文件后单击"打开"按钮，即可完成打开文件操作。

（2）通过"选择文件"对话框可以同时打开多个文件，方法是按住 Ctrl 键选择要打开的文件，或按住 Shift 键连续选择多个文件后，单击"打开"按钮。

（3）单击"选择文件"对话框中"打开"按钮旁的小按钮 ，用户可以选择"以只读方式打开"、"局部打开"、"以只读方式局部打开"等方式打开图形文件。

（4）以只读方式打开图形文件时，依然允许用户对图形进行编辑，但不能以原文件名存盘，可以采用 Saveas 命令换名存盘。

（5）如果选择局部打开，AutoCAD 会弹出"局部打开"对话框，如图 1-9 所示，用户可以选择相应的图层，AutoCAD 只打开选中图层上的图形。

（6）AutoCAD 应用程序是多任务窗口，允许用户同时打开多个图形文件，但每一时刻只有一个图形文件处于活动状态，用户所有绘图操作都发生在当前活动图形文件中。可以通过选择"窗口"菜单中的当前打开文件名切换当前活动文件。

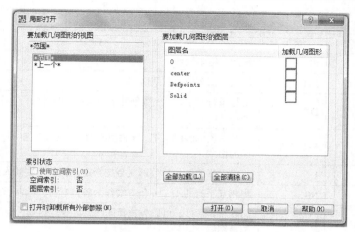

图 1-9　"局部打开"对话框

3. 关闭 AutoCAD 文件的方式

可以通过选择"文件→关闭"、"窗口→关闭"、单击 AutoCAD 菜单栏最右侧图标 ⊠ 或从命令行输入 Close 执行 Close 命令关闭当前活动图形。

1.3　AutoCAD 常用命令及其输入方法

1.3.1　命令输入

绘图时，用户可以通过如下几种方式输入命令。

（1）选择对应程序菜单页。

（2）单击面板工具条对应按钮。

（3）从键盘输入命令的英文名称或缩写。

无论从键盘，还是通过菜单或工具条按钮输入命令，AutoCAD 都在命令提示行显示命令名称和命令执行过程的所有选项。

AutoCAD 2008 为大部分常用命令定义了英文缩写，用户只需输入命令的英文名称或缩写（大小写均可），然后回车就可执行命令。表 1-1 列出了 AutoCAD 2008 常用命令的名称、缩写及其功能。

不同版本的 AutoCAD 中，命令缩写可能有所不同，甚至没有定义缩写。

表 1-1　　　　　　　　　　　AutoCAD 2008 常用命令名称、缩写及其功能

命令	英文名	缩写	命令功能
直线	Line	L	绘制直线，可连续绘制首尾相接的多条直线
圆弧	Arc	A	绘制圆弧
圆	Circle	C	绘制圆
图块	Block	B	创建图块

命令	英文名	缩写	命令功能
多段线	Pline	PL	绘制二维多段线
图案填充	BHatch	BH	用指定图案填充封闭区域
单行文字	DText	DT	书写单行文字，可连续创建多行文字，但每一行文字作为单一图形对象处理
多行文字	MText	MT 或 T	书写一段或多段文本，作为单独对象处理，文本的不同部分可以设置不同的格式
插入图块	Insert	I	将定义好的图块或外部文档按指定比例、角度插入到当前图形中
多线	MLine	ML	将相互平行的 1～16 条直线作为整体看待，绘制首尾相接的直线段
删除	Erase	E	删除指定图线，可以先选择图线，再执行删除；也可以先执行删除，再选择图线
复制	Copy	CO 或 CP	创建选定对象的副本，用户可以连续创建选定对象的多个副本
镜像	Mirror	MI	创建选定对象的镜像副本
偏移	Offset	O	创建与选定对象平行的新对象
阵列	Array	AR	按指定行距、列距创建选定图线的矩形分布副本，或按指定中心、角度创建选定图形的环形分布副本
移动	Move	M	按指定基点和目标点移动对象
旋转	Rotate	RO	按指定回转中心旋转选定图线，允许保留选定图线，实现旋转复制
缩放	Scale	SC	按指定比例放大或缩小选定图线，该命令在非 1∶1 工程图样绘制中有重要应用
修剪	Trim	TR	以指定边界为剪切边修剪图线指定部分，该命令需首先选择作为剪切边的图线
延伸	Extend	EX	将指定图线延伸到设定的边界，该命令需首先选择作为边界的图形元素
打断	Break	BR	将选定的直线或圆弧分割成 2 段图线，或将选定的多段线分割成 2 段多段线，或将选定的圆分割成圆弧（角度小于等于 359°）
倒角	Chamfer	CHA	按指定截短长度或角度的直线代替两相交直线的交点
圆角	Fillet		用指定半径的圆弧代替两相交图线的交点。AutoCAD 允许对两平行直线圆角，也允许对圆、椭圆与其他图线做圆角操作
特性	Properties	PR 或 CH	设定、修改图形特性
图层	Layer	LA	创建、设定、删除图层，并对图层开/关、冻结/解冻、锁定/解锁、颜色、线型、线宽等特性进行设置
线型	LineType	LT	设置当前线型。使用绘图菜单下各个命令创建的新图形均采用当前线型绘制
颜色	Color		设置当前颜色。使用绘图菜单下各个命令创建的新图形均采用当前颜色绘制
线宽	LineWeight	LW	设置当前线宽。使用绘图菜单下各个命令创建的新图形均采用当前线宽绘制。必须打开状态行"线宽"按钮才能在屏幕显示线宽
线型比例	LTScale		控制非连续图线中线段与空隙的真实长度。线型比例分为全局线型比例和局部线型比例
文字样式	Style	ST	定义单行文字的书写样式，或多行文字的默认样式
重画	Redraw	R	重新绘制屏幕上显示的图形，以便消除可能的屏幕残留

续表

命令	英文名	缩写	命令功能
缩放	Zoom	Z	以指定方式放大或缩小图形。常用替代方法是滚动鼠标中键滚轮直接进行缩放操作
平移	Pan	P	平移图形以观察图形的其他部分。常用替代方法是按住鼠标中键不放，移动鼠标，实现平移
放弃	Undo	U	放弃指定步数已经执行的命令。命令缩写 U 执行 Undo 命令的默认选项"1"，即放弃上一次操作
重做	Redo		恢复使用 Undo 或 U 命令放弃的操作。Redo 命令必须在 Undo 或 U 命令后立刻执行

很多时候，通过键盘或工具条按钮输入命令与使用菜单输入命令执行过程会有所区别。通常 AutoCAD 会将一些命令的常用选项整合在菜单中，用户通过菜单执行命令时，相关选项由 AutoCAD 自动输入，用户不能干预。但是当用户使用键盘或工具条按钮输入命令时，这些选项必须由用户输入。

例如，缩放命令 Zoom 用于放大或缩小图形显示，该命令的"全部"选项用于显示图形全貌，对应程序菜单"视图→缩放→全部"，如果通过选择该菜单显示图形全貌，命令行提示如下。

命令：'_zoom
指定窗口的角点，输入比例因子 (nX 或 nXP)，或者
[全部(A)/中心(C)/动态(D)/范围(E)/上一个(P)/比例(S)/窗口(W)/对象(O)] <实时>：_all

上述执行过程是自动的，选项"_all"由 AutoCAD 自动输入（包括必要的回车）。

用键盘输入 Zoom 命令显示图形全貌，用户必须输入"全部（A）"选项，执行过程如下。

命令：z
ZOOM
指定窗口的角点，输入比例因子 (nX 或 nXP)，或者
[全部(A)/中心(C)/动态(D)/范围(E)/上一个(P)/比例(S)/窗口(W)/对象(O)] <实时>：输入 a，回车

上述过程输入了 Zoom 命令的英文缩写 Z，对选项"全部（A）"的响应"a"（连同回车）必须由用户输入。

1.3.2　结束命令

许多 AutoCAD 命令允许用户重复执行相同的操作，如直线、多线、多段线、多点、修剪、延伸等，这时必须由用户干预才能结束命令。

结束 AutoCAD 命令的一般方法是按键盘上的回车键。

如果按回车键不能结束命令，可以按键盘上的退出键（Esc）。退出键一般不影响命令已经完成的操作。

1.3.3　重复命令

很多时候，用户需要连续执行相同的命令或操作，此时如果反复输入命令就会显得烦琐。AutoCAD 允许用户按回车键或空格键重复上一次命令。但书写文字时，在键入文本过程中，空格键不再等同于回车键。

有些编辑命令含有"多个（M）"选项，如复制、偏移、圆角、倒角等，该选项允许用户在命令运行过程中执行重复操作，用户应在适当提示下输入"多个"选项。例如，默认情况下圆角命

令 Fillet 每次只能对一对图线进行圆角处理，使用"多个"选项就可以连续对多对图线进行相同半径的圆角操作，参见下述过程。

```
命令: _fillet
当前设置: 模式 = 修剪, 半径 = 0.0000
选择第一个对象或
[放弃(U)/多段线(P)/半径(R)/修剪(T)/多个(M)]: 输入 m, 回车
选择第一个对象或[放弃(U)/多段线(P)/半径(R)/修剪(T)/多个(M)]:
```

1.4 AutoCAD 图形观察

AutoCAD 图形对象是三维的，绘图区是无限大的。但计算机显示器属于二维显示设备，屏幕大小是有限的。AutoCAD 按指定投影方向将图形对象按比例显示在屏幕上。为此，AutoCAD 提供了灵活方便的图形观察命令，包括图形缩放、平移、模型显示视角和显示模式等。

1.4.1 图形缩放

在 AutoCAD 中，按一定比例、观察位置和角度显示的图形称为视图（注：这里的视图与立体的投影视图是两个不同的概念）。

增大图像以便更详细地查看细节称为放大。收缩图像以便在更大范围内查看图形全貌称为缩小。

缩放并没有改变图形的绝对大小。它仅仅改变了绘图区域中图形显示的大小。

缩放图形使用 Zoom 命令，可以通过指定窗口、按比例、显示整个图形等方式缩放图形，对应菜单"视图→缩放→…"下的各个子菜单项。

```
命令: zoom
指定窗口的角点，输入比例因子 (nX 或 nXP)，或者
[全部(A)/中心(C)/动态(D)/范围(E)/上一个(P)/比例(S)/窗口(W)/对象(O)] <实时>:
```

图形缩放命令 Zoom 常用选项如下。

● "全部"选项。对应菜单"视图→缩放→全部"；用于显示整个图形，所有图形将被缩放到栅格界限和当前范围两者中较大的区域中。

● "窗口"选项。实际上该选项是 Zoom 命令的默认选项，该选项将由两个角点定义的矩形区域最大程度地显示在屏幕上。

● "范围"选项。对应菜单"视图→缩放→范围"，显示图形范围并使所有对象最大显示。

● "实时"选项。该选项通过按住鼠标左键不放，移动光标实时缩放图形。

在较新版本的 AutoCAD 中，已经很少直接使用 Zoom 命令进行局部图形缩放，而改为使用鼠标滚轮。使用鼠标滚轮缩放图形的方法是将光标移到需要缩放区域的中心位置，滚动鼠标中键滚轮。向上滚动滚轮时放大图形，向下滚动滚轮时缩小图形。

任何需要的时候，包括在任何命令执行过程中，均可以通过滚动鼠标滚轮放大或缩小图形。

1.4.2 平移图形

平移命令用于移动图形以便观察图形的不同部分，不改变图形实际位置和显示大小。平移图形使用 Pan 命令。

命令：pan

按 Esc 或 Enter 键退出，或单击右键显示快捷菜单。

执行 Pan 命令后十字光标变为手状，按住鼠标左键不放，移动光标，即可实现图形平移。

与 Zoom 命令一样，在较新版本的 AutoCAD 中，已经很少直接使用 Pan 命令平移图形，在任何时候，包括其他命令的执行过程中，用户均可以按住鼠标中键不放，移动光标实现平移。

1.5　错　误　修　正

绘图过程中的错误操作是不可避免的，如选择了错误的命令，执行了错误的选项，输入了错误的坐标点等。

按键盘上的 Esc（退出）键可以中断任何正在执行的命令，但该操作通常不会取消该命令已完成的操作。如绘制直线时，通过 Esc 键可以中断（结束）命令，但不会删除已经画出的直线段。

使用放弃命令（U 或 Undo）可以取消任何已经完成的操作，其中 U 命令（等同于菜单“编辑→放弃”及主工具条按钮 ↶）仅取消最近一次操作，连续执行 U 命令可以依次取消已经完成的所有操作。Undo 命令允许用户一次性地取消指定步数的操作。

一些命令允许用户在执行过程中放弃已执行的操作，通常在这些命令的提示中均含有“放弃（U）”选项。在前述的绘制直线命令执行过程中，从“指定下一点或[放弃（U）]”提示开始，每一步提示中均出现“放弃（U）”选项，用户可以通过输入该选项放弃已输入的点，以便修正操作过程中发生的错误。

使用重做 Redo 命令可以恢复 Undo 或 U 命令放弃的操作。重做命令必须在 Undo 或 U 命令后立刻执行。

执行重做命令的方法是选择菜单“编辑→重做”、单击主工具条重做按钮 ↷ 或用键盘在状态行输入 Redo。

1.6　AutoCAD 坐标输入方法

几乎所有的 AutoCAD 命令都与点坐标输入有关，熟练掌握各种点坐标输入方法对于快速绘图起到事半功倍的作用。

1.6.1　AutoCAD 坐标系

每当创建一个新的图形文档，AutoCAD 总是创建一个内置坐标系以确定图线的位置，这个坐标系是三维笛卡儿坐标系，被称为世界坐标系（World Coordinate System，WCS），该坐标系 x 轴水平向右，y 轴竖直向上，z 轴垂直于屏幕指向用户。世界坐标系是唯一的，用户不能改变。

绘图过程中使用的坐标系是用户坐标系（User Coordinate System，UCS），顾名思义，就是用户定义的坐标系。用户可以随时改变用户坐标系的原点位置和坐标轴的方向。

默认情况下，用户坐标系与世界坐标系重合。

用户可以创建并保存无穷多个用户坐标系，用户的所有操作都是在用户坐标系下进行的，但某个时刻只有一个用户坐标系为当前坐标系，用户绘图操作时输入的坐标信息是相对于当前用户坐标系的。

　　用户可以在任何需要的时候重新定义用户坐标系的原点位置或坐标轴方向，方法是选择菜单
"工具→新建 UCS"下的子菜单项，执行 UCS 命令，如图 1-10 所示。

　　在二维图形绘制中，新建 UCS 命令的常用选项是"世界"、"原点"和"三点"。

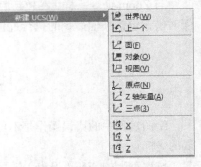

　　● 世界。设置用户坐标系与世界坐标系重合，通常用于恢复用户坐标系原点位置和坐标轴方向。

　　● 原点。将指定点设为用户坐标系原点，坐标轴方向与原用户坐标系一致。

　　● 三点。通过 3 点定义用户坐标系，其中第 1 点作为坐标原点，第 1 点与第 2 点连线方向作为用户坐标系 x 轴正方向，第 3 点用于定义 y 轴正方向（但不要求该点通过 y 轴）。

图 1-10　定义用户坐标系

　　在工程制图中，经常会遇到主要图线的方向与系统默认的坐标轴方向不一致的情形，这种情况下用户可以通过 UCS 命令改变坐标系原点的位置和坐标轴的方向。下面的过程改变图 1-11（a）所示图形用户坐标系原点位置和坐标轴方向，以便绘制图 1-11（b）中所示的椭圆和正五边形。操作过程参照图 1-11（a）输入点（注意：操作过程中使用了本节后文所述的对象捕捉功能）。

　　选择菜单"工具→新建 UCS→三点"启动 UCS 命令。

命令：_ucs
当前 UCS 名称：*没有名称*
指定 UCS 的原点或 [面(F)/命名(NA)/对象(OB)/上一个(P)/视图(V)/世界(W)/X/Y/Z/Z 轴(ZA)] <世界>：_3（该选项由 AutoCAD 自动输入）
指定新原点 <0,0,0>：捕捉端点 1
在正 x 轴范围上指定点 <-12.3396,74.0948,0.0000>：捕捉端点 2
在 UCS XY 平面的正 y 轴范围上指定点 <-13.3396,75.0948,0.0000>：在点 1、点 2 连线上方单击左键，如点 3 处

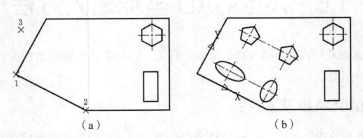

(a)　　　　　　　　　　　　　　(b)

图 1-11　定义用户坐标系

　　命令执行完成后，用户坐标系图标显示在点 1 处，x 轴指向点 2，y 轴垂直于 x 轴，指向右上角（由点 3 位置确定），如图 1-11（b）所示。

　　基于用户坐标系，AutoCAD 点输入方法主要有下述几种。

1.6.2　用鼠标左键指定

　　当系统提示输入点时，在绘图区适当位置单击鼠标左键，AutoCAD 将光标位置的坐标作为用

户输入。结合后文所述对象捕捉功能，单击鼠标左键可以精确捕捉已有图线的特征点，如端点、中点、圆心等。

1.6.3　输入绝对坐标

绝对坐标是使用单字节逗号隔开的三个数字，分别表示输入点的 x，y，z 三个坐标分量。如

```
命令：line
指定第一点：50,60,0
指定下一点或[放弃(U)]：
```

表示第一点的坐标为（50，60，0）。

输入绝对坐标时，可以省略 z 坐标分量，此时，默认的 z 坐标分量为 0。因此，上例中，第一点的坐标可以按下述格式输入，其结果是一样的。

```
命令：line
指定第一点：50,60
指定下一点或[放弃(U)]：
```

下面的过程尝试使用 Line 命令以坐标原点为起点绘制 420×297 的矩形框，用来表示 A3 幅面图纸。操作过程中不要试图在命令提示行单击左键，直接按下面的过程输入坐标数据对即可。

```
命令：_line
指定第一点：输入 0,0 后回车
指定下一点或[放弃(U)]：输入 420,0 后回车
指定下一点或[放弃(U)]：输入 420,297 后回车
指定下一点或[闭合(C)/放弃(U)]：输入 0,297 后回车
指定下一点或[闭合(C)/放弃(U)]：输入 0,0 后回车
指定下一点或[闭合(C)/放弃(U)]：回车，结束命令
```

如图 1-12 所示，屏幕上显示的结果并不是我们所期望的，这是因为状态行动态输入按钮"DYN"处于打开的缘故。

在状态行动态输入按钮"DYN"处于打开情形下，当输入连续的坐标数据对时，除第一点外，AutoCAD 将输入数据对看作是相对于上一点的 x、y、z 坐标增量。因此在上例中，输入的第 2 点数据对"420，0"表示输入点相对于第 1 点 x 坐标增加 420，y 坐标增加 0，由于第 1 点坐标为绝对坐标"0，0"，所以第 2 点坐标经过换算后绝对坐标为"420，0"，恰巧是正确的；但是输入第 3 点坐标"420，297"时，该输入被认为是相对于第 2 点 x 坐标增加420，y 坐标增加 297，因此第 3 点坐标被换算后的

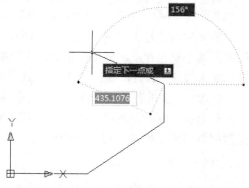

图 1-12　动态输入功能打开时的坐标输入

绝对坐标为"840，297"；第 4 点的输入存在同样的问题。因此出现了如图 1-12 所示操作结果。

因此，如果某次操作连续输入的点坐标数据均为绝对坐标，应关闭状态行动态输入按钮"DYN"。

按功能键 F2，打开 AutoCAD 文本窗口，仔细阅读上例的操作过程，可以发现除第 1 点外，AutoCAD 在用户输入的数据对前均自动添加了前缀符号"@"。

命令：_line
指定第一点：0,0
指定下一点或[放弃(U)]：@420,0
指定下一点或[放弃(U)]：@420,297
指定下一点或[闭合(C)/放弃(U)]：@0,297
指定下一点或[闭合(C)/放弃(U)]：@ 0,0
已在 (840.0000, 594.0000, 0.0000) 创建零长度直线
指定下一点或[闭合(C)/放弃(U)]：
命令：

在坐标数据对前添加前缀符号 "@" 是 AutoCAD 输入相对坐标的传统方法。

读者可尝试关闭状态行动态输入按钮 "DYN"，再次执行上述过程，绘制 420×297 矩形框。

1.6.4 输入相对坐标

在工程实践中，一般仅在绘图开始时偶尔使用绝对坐标，如指定图纸图框左下角点的位置，其他时候极少使用绝对坐标，更多的是使用相对坐标，因为用户关心的只是图线间的相对位置，这正是默认情况下打开动态输入按钮 "DYN" 的原因。

在绘图过程中，如果已经有一个点输入，并且知道下一点相对于上一点的位置关系时，可以使用相对坐标。相对坐标包括相对直角坐标和相对极坐标。

1. 相对直角坐标

当知道下一点与上一点之间的 x，y，z 坐标差时，可使用相对直角坐标，其一般格式是

$@\Delta x$，Δy，（Δz）

其中括号内的 z 坐标差 Δz 可以省略，此时表示 z 坐标差为 0。下述过程绘制了一条直线，该直线的端点相对于起点，x 坐标增加了 100，y 坐标增加了 -50（即减少了 50）。

命令：L（Line 命令缩写，大小写均可）
LINE
指定第一点：用左键在绘图区任意指定一点
指定下一点或[放弃(U)]：输入@100,-50后回车
指定下一点或[放弃(U)]：回车，结束命令

值得注意的是，当我们输入 "@ 100，-50" 字样时，往往在命令提示行不能实时地看到输入结果，而是显示在绘图区光标位置，直到按下回车键后才能在命令行看到，这也是因为状态行的动态输入按钮 "DYN" 处于打开的缘故。默认情况下，该按钮是打开的。

"DYN" 按钮表示动态输入，当动态输入按钮 "DYN" 打开时，只能输入相对坐标，不能输入绝对坐标，此时，用户可以省略坐标差数字对前缀@符号。因此，当 "DYN" 按钮打开时，下述过程得到的结果与上例完全相同。

命令：L
LINE
指定第一点：用左键在绘图区任意指定一点
指定下一点或[放弃(U)]：用键盘输入100,-50后回车，该输入显示在光标处
指定下一点或[放弃(U)]：回车，结束命令

在指定下一点的过程中，屏幕光标位置处显示如图 1-13 所示。

因此，如果下一点的坐标为绝对坐标，必须关闭状态行 "DYN" 按钮。

图 1-13 动态坐标输入功能

2. 相对极坐标

如果知道下一点相对于上一点的距离和方位，可使用相对极坐标。其格式是

@Distance<Angle

其中 Distance 表示下一点相对于上一点的距离，必须是大于 0 的正数。Angle 指上一点与下一点的连线与 0°方向的夹角。默认情况下，系统规定水平向右为 0°方向，逆时针方向为角度正方向。

下述操作绘制一条长度为 100，指向右上角，与水平方向夹角为 30°的直线。

```
命令：L
LINE
指定第一点：用左键在绘图区任意指定一点
指定下一点或[放弃(U)]：输入@100<30，回车
指定下一点或[放弃(U)]：回车，结束命令
```

当"DYN"按钮打开时，距离、角度数据对前缀@符号可以省略。下述过程得到的结果与上例完全相同。

```
命令：L
LINE
指定第一点：用左键在绘图区任意指定一点
指定下一点或[放弃(U)]：输入 100<30，回车
指定下一点或[放弃(U)]：回车，结束命令
```

在指定下一点时，可先输入距离，然后按 Tab 键，切换到角度输入，如图 1-14 所示。在输入角度时，应注意按屏幕指示输入角度。

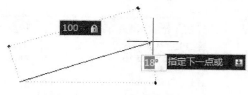

图 1-14　动态输入相对极坐标

1.6.5　直接距离输入

在绘图过程中，当指定了第一点后，移动光标，可以看到一条与第一点相连的动态直线，该直线称为"橡皮筋线"。此时如果输入一个数值后回车，就表示下一点距离第一点为输入的数值，方向为橡皮筋线方向。该方法与正交功能结合使用，可以非常方便地绘制工程图中最常见的特定长度的水平、竖直线。参见后文相关示例。

1.6.6　对象捕捉

在提示输入点时，用户可以用光标捕捉对象上的特征点，如端点、中点、圆心和交点等，这样的操作称为对象捕捉或目标捕捉。

1. 打开或关闭对象捕捉功能的方法

可以在任何需要的时候打开或关闭对象捕捉功能，其方法如下。

（1）按功能键 F3。

（2）使用快捷键 Ctrl+F。

（3）单击状态行"对象捕捉"按钮（注意：不是"捕捉"按钮）。

默认情况下，对象捕捉功能是打开的。

2. 设置对象捕捉模式

对象捕捉功能处于打开状态时，每当系统提示输入点时，AutoCAD 将根据光标位置和对象捕捉设置，自动捕捉距离光标位置最近的特征点，移动光标可捕捉到不同图线上的特征点，按 Tab

键可以实现在不同特征点之间切换。

如果系统不能自动捕捉到所期望的特征点，如中点、垂足等，可在状态行"对象捕捉"按钮上单击右键，在弹出的快捷菜单中选择"设置"，在弹出的"草图设置"对话框的"对象捕捉"选项卡中勾选相应特征点前的复选框，如图 1-15 所示。

 图 1-15 所示的对象捕捉设置中，并不是打开的对象捕捉模式越多越好，打开太多的对象捕捉模式反而会使点输入操作变得复杂。必要的时候可单击状态行"对象捕捉"按钮，关闭对象捕捉功能。

3. 手工临时启动特定对象捕捉功能

在有些情况下，无论怎么努力也无法捕捉到所期望的特征点，这是因为自动对象捕捉设置没有打开的缘故（参见图 1-15）。此时可以手工临时启动特定对象捕捉功能。

（1）手工临时启动特定对象捕捉功能的第一种方法，在提示点输入时，将光标移到绘图区任意位置，按下键盘上 Shift 键，同时单击鼠标右键，AutoCAD 弹出关于对象捕捉的快捷菜单（此时应松开的 Shift 键），如图 1-16 所示。选择期望的对象捕捉方式，然后在相应图线上适当位置单击左键，即可捕捉到期望的特征点。

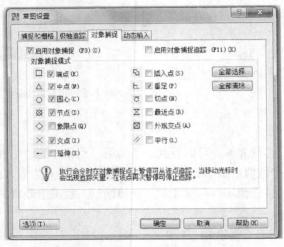

图 1-15 设置对象捕捉模式

图 1-16 对象捕捉快捷菜单

下面的过程绘制任一直线段（该直线被认为是已有的，用户可自行在屏幕上绘制任意一条直线段）的垂直平分线。

① 按功能键 F3，或按下状态行"对象捕捉"按钮，确认对象捕捉功能打开。

② 在状态行"对象捕捉"按钮上单击右键，选择"设置"，在弹出的对话框中确认"中点"，"垂足"前的复选框被选中。

③ 选择菜单"绘图→直线"，执行 Line 命令。

命令：_line
指定第一点：用鼠标左键在屏幕上任意位置指定一点
指定下一点或[放弃(U)]：将光标在已知直线段上移动，会出现"端点"、"中点"等提示，并在已知直线相应点上出现特征点标记图标。如果出现垂直提示和标记，单击左键；否则，按下 Shift 键的同时，单击鼠标右键，选择"垂足"，然后在已知直线上单击左键，或连续按下键盘 Tab 键，出现"垂足"提示和图标时，单击左键。
指定下一点或[放弃(U)]：回车，结束画线

④ 选择菜单 "修改→移动",执行 Move 命令。

命令:_move
选择对象:用鼠标左键选择刚刚画好的垂直线
找到 1 个
选择对象:回车,结束选择
指定基点或[位移(D)] <位移>:将光标移到垂直线中点附近,系统显示 "中点" 提示时,按下左键,捕捉中点
指定第二个点或 <使用第一个点作为位移>:将光标移到原已知直线中点附近,系统显示 "中点" 提示时,按下左键,捕捉中点

(2)手工临时启动特定对象捕捉功能的第二种方法。在点输入提示下,输入对象捕捉模式的缩写。常用对象捕捉模式及其缩写参见表 1-2.

表 1-2   对象捕捉模式

对象捕捉模式	命令行缩写	捕捉到
端点	END	对象端点
中点	MID	对象中点
交点	INT	对象交点
外观交点	APP	对象的外观交点
中心点	CEN	圆、圆弧及椭圆的中心点
节点	NOD	用 Point 命令绘制的点对象
象限点	QUA	圆弧、圆或椭圆的最近象限点
插入点	INS	块、图形、文字、属性或属性定义的插入点
垂足	PER	对象上的点,构造垂足（法线）对齐
切点	TAN	圆或圆弧上一点,与最后一点连接可以构造对象的切线
最近点	NEA	与选择点最近的对象捕捉点
无	NON	下一次选择点时关闭对象捕捉

下面的过程同样绘制一条任意直线段的垂直平分线。

① 选择菜单 "绘图→直线",执行 Line 命令。

命令:_line
指定第一点:在屏幕适当位置指定一点
指定下一点或[放弃(U)]:输入 per,回车
到 在已知直线段上指定一点
指定下一点或[放弃(U)]:回车,结束命令

② 选择菜单 "修改→移动",执行 Move 命令。

命令:_move
选择对象:选择垂直线
找到 1 个
选择对象:回车结束选择
指定基点或[位移(D)] <位移>: 输入 mid,回车
于 在垂直线上指定一点
指定第二个点或 <使用第一个点作为位移>:输入 mid,回车
于 在垂直到的直线上指定一点

4. 多次启用同一类特征点捕捉功能实例
无论是使用快捷菜单,还是使用命令行缩写,所启动的特定对象捕捉模式只能捕捉一次指定

类型特征点，若再次捕捉同类特征点，必须重新启动该特征点捕捉功能。下面的过程绘制两个圆的所有公切线，操作过程参考图 1-17 输入点。

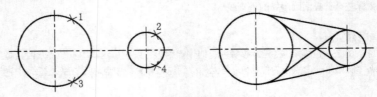

图 1-17 绘制圆的公切线

选择菜单"绘图→直线"，执行 Line 命令。

命令：_line
指定第一点：输入 tan 后回车，或按下 Shift 键，单击鼠标右键，在弹出的快捷菜单中选择"切点"（下同）
到 指定点 1
指定下一点或[放弃(U)]：输入 tan 后回车
到 指定点 2
指定下一点或[放弃(U)]：回车，结束命令

命令：回车，重复画直线命令
LINE 指定第一点：输入 tan 后回车
到 指定点 1
指定下一点或[放弃(U)]：输入 tan 后回车
到 指定点 4
指定下一点或[放弃(U)]：回车，结束命令

命令：回车，重复画直线命令
LINE 指定第一点：输入 tan 后回车
到 指定点 3
指定下一点或[放弃(U)]：输入 tan 后回车
到 指定点 2
指定下一点或[放弃(U)]：回车，结束命令

命令：回车，重复画直线命令
LINE 指定第一点：输入 tan 后回车
到 指定点 3
指定下一点或[放弃(U)]：输入 tan 后回车
到 指定点 4
指定下一点或[放弃(U)]：回车，结束命令

由上例可知，在进行对象捕捉时，指定目标图线上的不同位置，可以捕捉到不同位置的特征点，从而画出不同位置的图线。因此，用户应根据实际情况在目标图线适当位置选择图线。

在本书下文描述中，有时采用命令行缩写表示启动特定对象捕捉功能，请读者注意甄别。

1.6.7 正交功能

在工程设计中，绘制最多的是水平或竖直方向直线，为此系统提供了正交功能。该功能使用户在进行某些操作时只能沿用户坐标系的 x 轴方向或 y 轴方向进行。如在正交模式下只能画水平或竖直直线，复制或移动图线时也只能沿水平或竖直方向进行。按功能键 F8，或单击状态行的"正交"按钮，可以在打开或关闭正交功能之间切换。

下面的操作绘制一个 420×297 的矩形。

① 选择菜单"文件→新建"，在"选择样板"对话框中选择 Acadiso.dwt，单击"打开"按钮。

② 选择菜单"视图→缩放→全部"。

③ 选择菜单"绘图→直线"。

命令: _line
指定第一点: 输入 0,0 后回车
指定下一点或[放弃(U)]: 单击状态行"正交"按钮，打开正交功能，光标右移，橡皮筋线显示为水平向右时输入 420 后回车
指定下一点或[放弃(U)]: 光标上移，橡皮筋线显示为竖直向上时输入 297 后回车，必要时滚动鼠标滚轮缩小图形
指定下一点或[闭合(C)/放弃(U)]: 光标左移，橡皮筋线显示为水平向左时输入 420 后回车
指定下一点或[闭合(C)/放弃(U)]: 输入 c 后回车

1.7　点输入方法示例

下面的过程分别在动态输入按钮"DYN"、正交按钮关闭和打开等情形下绘制图 1-18 所示的平面图形。图中，数据对"200，160"表示图形左下角绝对坐标。

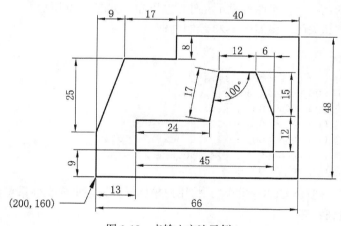

图 1-18　点输入方法示例 1

1. 动态输入按钮关闭

关闭状态行动态输入按钮"DYN"（默认情况下是打开的），参照图 1-19 所示绘制外框。

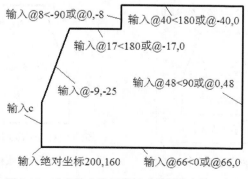

图 1-19　动态输入按钮关闭时外框的点输入方法

```
命令：_line
指定第一点：200,160
指定下一点或[放弃(U)]：@66<0（或@66,0）
指定下一点或[放弃(U)]：@48<90（或@0,48）
指定下一点或[闭合(C)/放弃(U)]：@40<180（或@-40,0）
指定下一点或[闭合(C)/放弃(U)]：@8<-90（或@0,-8）
指定下一点或[闭合(C)/放弃(U)]：@17<180（或@-17,0）
指定下一点或[闭合(C)/放弃(U)]：@-9,-25
指定下一点或[闭合(C)/放弃(U)]：c
```

选择菜单"工具→新建 UCS→原点"，将用户坐标系原点设置在外框左下角。下面的过程，只有对"指定新原点 <0，0，0>"的响应由用户操作，其余响应均为系统对菜单"工具→新建 UCS→原点"命令自动作出的响应。

```
命令：_ucs
当前 UCS 名称：*世界*
指定 UCS 的原点或[面(F)/命名(NA)/对象(OB)/上一个(P)/视图(V)/世界(W)/X/Y/Z/Z 轴(ZA)] <世界>：_o
指定新原点 <0,0,0>：将光标放在外框左下角，单击左键，AutoCAD 自动捕捉端点，作为用户坐标系原点，这是
因为默认情况下对象捕捉功能是打开的，且端点捕捉功能处于打开状态的缘故，如果不能自动捕捉端点，可单击状态行
"对象捕捉"按钮打开对象捕捉功能，或按组合键"Shift+鼠标右键"启动端点捕捉功能。
```

默认情况下，新用户坐标系图标显示在外框左下角，如图 1-20 所示。

保持动态输入按钮关闭，参照图 1-20 绘制内框。

```
命令：_line
指定第一点：13, 9
指定下一点或[放弃（U）]：@45<0（或@45, 0）
指定下一点或[放弃（U）]：@12<90（或@0, 12）
指定下一点或[闭合（C）/放弃（U）]：@-6, 15
指定下一点或[闭合（C）/放弃（U）]：@12<180（或@-12, 0）
指定下一点或[闭合（C）/放弃（U）]：@17<260（或@17<-100）
指定下一点或[闭合（C）/放弃（U）]：@24<180（或@-24, 0）
指定下一点或[闭合（C）/放弃（U）]：c
```

选择菜单"工具→新建 UCS→世界"，将用户坐标设置为与世界坐标系重合。

2. 动态输入按钮打开

选择菜单"文件→新建"，开启一个新图形文档。

单击状态行动态输入按钮"DYN"，保证该功能是打开的。参照图 1-21 绘制外框。

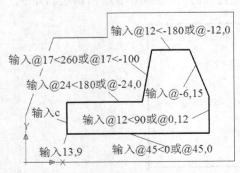

图 1-20　动态输入按钮关闭时内框的点输入方法

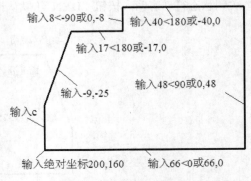

图 1-21　动态输入按钮打开时外框的点输入方法

```
命令：_line
指定第一点：200,160
指定下一点或[放弃(U)]：66<0（或 66,0、或@66<0、或@66,0）
指定下一点或[放弃(U)]：48<90（或 0,48、或@48<90、或@0,48）
指定下一点或[闭合(C)/放弃(U)]：40<180（或-40,0、或@40<180、或@-40,0）
指定下一点或[闭合(C)/放弃(U)]：8<-90（或 0,-8、或@8<-90、或@0,-8）
指定下一点或[闭合(C)/放弃(U)]：17<180（或-17,0、或@17<180、或@-17,0）
指定下一点或[闭合(C)/放弃(U)]：-9,-25（或@-9,-25）
指定下一点或[闭合(C)/放弃(U)]：c
```

根据上述过程可知，当动态输入按钮打开时，点坐标数据对前的"@"符号可以省略，但是保留该前缀不会影响点的位置。因此，即使动态输入按钮打开，依然可以按照其关闭时的格式输入点的坐标，但操作过程显然是繁琐的。

将用户坐标系原点设置在外框左下角，按图 1-22 所示过程绘制内框。

3. 正交功能打开

正交功能打开时，可以方便地利用直接距离输入功能绘制指定长度的水平线或竖直线。下面的过程与前述过程比较要简洁得多。

选择菜单"文件→新建"，开启一个新图形文档。然后参考图 1-23，执行下面的操作，绘制外框。

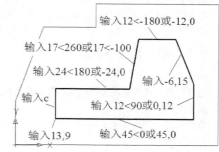

图 1-22　动态输入按钮打开时内框的点输入方法

```
命令：L
LINE
指定第一点：200,160
指定下一点或[放弃(U)]：单击状态行"正交"按钮，使其处于打开状态，光标右移，使动态橡皮筋线呈现水平向右，输入 66 后回车
指定下一点或[放弃(U)]：光标上移，使动态橡皮筋线呈现竖直向上，输入 48 后回车
指定下一点或[闭合(C)/放弃(U)]：光标左移，使动态橡皮筋线呈现水平向左，输入 40 后回车
指定下一点或[闭合(C)/放弃(U)]：光标下移，使动态橡皮筋线呈现竖直向下，输入 8 后回车
指定下一点或[闭合(C)/放弃(U)]：光标左移，使动态橡皮筋线呈现水平向左，输入 17 后回车
指定下一点或[闭合(C)/放弃(U)]：动态输入按钮"DYN"打开时，输入 -9,-25 后回车，关闭时，输入@-9,-25 后回车
指定下一点或[闭合(C)/放弃(U)]：输入 c，回车
```

参考图 1-24，执行下面的操作，绘制内框。

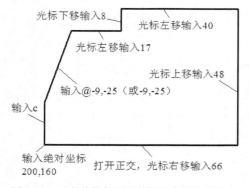

图 1-23　正交功能打开时外框的点输入方法

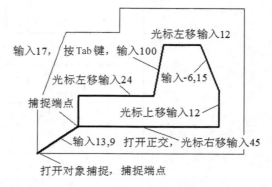

图 1-24　正交功能打开时内框的点输入方法

命令：L

LINE

指定第一点：使用对象捕捉功能捕捉外框左下角点

指定下一点或[放弃(U)]：动态输入按钮打开时，输入 13,9 或@13,9 后回车，关闭时，输入@13,9 后回车

指定下一点或[放弃(U)]：确信正交功能处于打开状态，光标右移，使动态橡皮筋线呈现水平向右，输入 45 后回车

指定下一点或[闭合(C)/放弃(U)]：光标上移，使动态橡皮筋线呈现竖直向上，输入 12 后回车

指定下一点或[闭合(C)/放弃(U)]：动态输入按钮打开时，输入-6,15 或@-6,15 后回车，关闭时，输入@-6,15 后回车

指定下一点或[闭合(C)/放弃(U)]：光标左移，使动态橡皮筋线呈现水平向左，输入 12 后回车

指定下一点或[闭合(C)/放弃(U)]：①光标下移，在动态输入按钮"DYN"打开时，输入 17，按 Tab 键，输入 100 后回车。或

②无论动态输入按钮"DYN"打开与否，输入@17<260 或@17<-100 后回车

指定下一点或[闭合(C)/放弃(U)]：光标左移，使动态橡皮筋线呈现水平向左，输入 24 后回车

指定下一点或[闭合(C)/放弃(U)]：使用对象捕捉功能捕捉相对坐标为 13,9 的点

指定下一点或[闭合(C)/放弃(U)]：回车，结束命令

选择菜单"修改→删除"。

命令：_erase

选择对象：选择上述步骤绘制的第一条直线段

找到 1 个

选择对象：回车，结束命令

1.8 点 位 修 正

在工程设计中，许多时候点的位置是不能直接确定的（如图 1-25 所示），需要经过较为复杂的计算才可以获取，并且由于舍入误差可能导致绘图精度降低，影响设计质量。

在图 1-25 中，外框上侧的长度通过计算为

$$16+16+24+20 \times \cos（48 \times 3.1415926/180）+26=95.38261$$

图中外框左侧边、内框 132° 角的两边长度也需要经过类似的计算才能得到，显然这是很繁琐的，并且如果采用这样的数据确定直线端点位置，精度可能是不够的，会影响后续其他命令操作，如图案填充等。

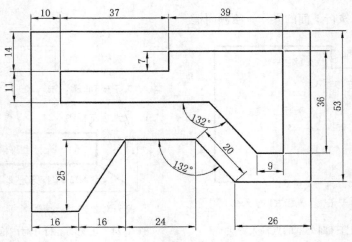

图 1-25 点输入方法示例 2

解决上述困难的方法是采用相应的修改命令（如圆角、倒角、修剪等，参见后续章节），也可以使用 AutoCAD 界标编辑功能实现点位快速修正。

所谓界标，就是当没有任何 AutoCAD 命令运行时（此时 AutoCAD 处于等待用户输入命令状态，命令提示行最后一行显示"命令："字样），使用光标选择图线，在图线特征点上显示的蓝色正方形小块。使用鼠标左键单击界标，界标显示变为红色，移动光标，界标将随着光标移动，在新的位置单击左键，可以改变界标位置，从而实现图线编辑。

对于直线，AutoCAD 在 2 个端点和中点放置界标，选择中点处界标可以移动或复制直线，选择端点处界标，可以改变直线端点位置。

有关界标编辑的更详细内容参见后续相关章节。

打开正交功能，使动态输入按钮处于打开状态，按下述过程绘制图 1-25 所示图形外框，结果如图 1-26 所示。

命令：L
LINE
指定第一点：在屏幕适当位置指定一点
指定下一点或[放弃(U)]：光标右移，当橡皮筋线显示为水平向右时，输入16后回车
指定下一点或[放弃(U)]：输入16,25后回车
指定下一点或[闭合(C)/放弃(U)]：光标右移，当橡皮筋线显示为水平向右时，输入24后回车
指定下一点或[闭合(C)/放弃(U)]：光标下移，使橡皮筋线竖直向下，输入20后按Tab键，输入48后回车
指定下一点或[闭合(C)/放弃(U)]：光标右移，当橡皮筋线显示为水平向右时，输入26后回车
指定下一点或[闭合(C)/放弃(U)]：光标上移，当橡皮筋线显示为竖直向上时，输入53后回车
指定下一点或[闭合(C)/放弃(U)]：光标左移，当橡皮筋线显示为水平向左，并位于第一点（即外框左下角点）左侧时单击鼠标左键
指定下一点或[闭合(C)/放弃(U)]：回车，结束命令

命令：回车，重复画直线命令
LINE
指定第一点：　end
于 指定外框左下角点
指定下一点或[放弃(U)]：光标上移，使橡皮筋线显示为竖直向上，当光标超出外框上侧边缘时，单击鼠标左键
指定下一点或[放弃(U)]：回车，结束命令

按下述方法之一确定外框左上角点。

1. 使用圆角命令

当圆角命令的半径设置为 0 时，AutoCAD 剪除两相交图线（直线或圆弧）非选择侧，或延长两选择侧，使之相交，并剪除可能存在的非选择侧部分。

选择菜单"修改→圆角"，按图 1-26 所示执行如下操作。

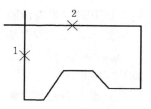

图 1-26　外框的绘制

命令：_fillet
当前设置：模式 = 修剪，半径 = x.xxxx
选择第一个对象或[放弃(U)/多段线(P)/半径(R)/修剪(T)/多个(M)]：如果上行显示的半径不是 0.0000，则输入 r 后回车，否则，直接选择第 1 个对象
指定圆角半径 < x.xxxx >：输入 0，回车
选择第一个对象或[放弃(U)/多段线(P)/半径(R)/修剪(T)/多个(M)]：指定点 1
选择第二个对象，或按住 Shift 键选择要应用角点的对象：指定点 2

2. 使用倒角命令

当倒角命令的两个倒角距离设置为 0 时，AutoCAD 剪除两相交直线非选择侧，或延长两选择

侧，使之相交，并剪除可能存在的非选择侧部分。

选择菜单"修改→倒角"，按图1-26所示执行如下操作。

命令：_chamfer
("修剪"模式) 当前倒角距离 1 = x.xxxx，距离 2 = x.xxxx
选择第一条直线或
[放弃(U)/多段线(P)/距离(D)/角度(A)/修剪(T)/方式(E)/多个(M)]： 如果当前倒角距离 x.xxxx 不是 0.0000，则输入 d，回车，否则，直接选择第一条直线
指定第一个倒角距离 < x.xxxx >：输入 0，回车
指定第二个倒角距离 <0.0000>：回车
选择第一条直线或
[放弃(U)/多段线(P)/距离(D)/角度(A)/修剪(T)/方式(E)/多个(M)]：指定点 1
选择第二条直线，或按住 Shift 键选择要应用角点的直线：指定点 2

3. 使用修剪命令

修剪命令剪除所选图线位于剪切边选择侧部分。因此要求两图线(直线或圆弧，或其他可以修剪的图元)具有图1-27所示的左侧、上侧待编辑图线的位置关系。

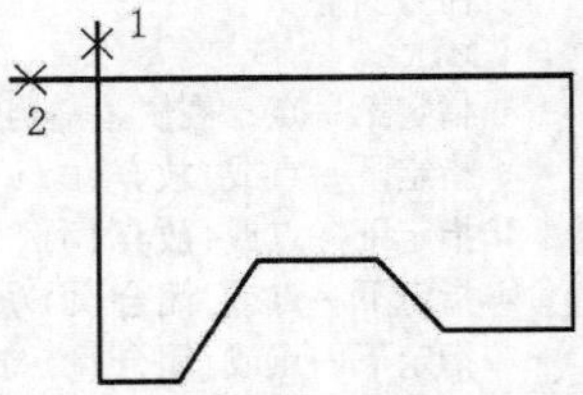

选择菜单"修改→修剪"，参照图1-27，按下述过程操作。

命令：_trim
当前设置：投影=UCS，边=延伸
选择剪切边...
选择对象或 <全部选择>：回车，表示"全部选择"
选择要修剪的对象，或按住 Shift 键选择要延伸的对象，或[栏选(F)/窗交(C)/投影(P)/边(E)/删除(R)/放弃(U)]：指定点 1
选择要修剪的对象，或按住 Shift 键选择要延伸的对象，或[栏选(F)/窗交(C)/投影(P)/边(E)/删除(R)/放弃(U)]：指定点 2
选择要修剪的对象，或按住 Shift 键选择要延伸的对象，或[栏选(F)/窗交(C)/投影(P)/边(E)/删除(R)/放弃(U)]：回车结束命令

图 1-27 修剪命令操作图标

4. 使用夹点编辑

参照图1-28，按下述过程编辑图形。

① 选择外框左侧竖直线，该线上、下端点及中点出现蓝色界标。

② 单击竖直线上端点蓝色夹点，该夹点变为红色。

③ 移动光标(注意，在此过程中左键是松开的)，捕捉到左侧边与上侧边交点后单击左键，如图1-28所示。

④ 选择外边框上侧水平线，采用同样的方法将上侧边左端点移到与左侧边的交点。

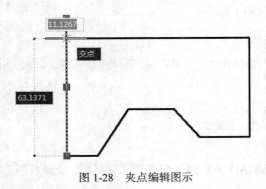

图 1-28 夹点编辑图示

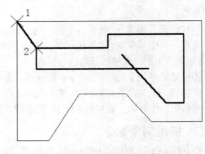

图 1-29 内框的绘制

下述过程参照图 1-29 绘制内边框。

命令：_line
指定第一点：end
于 捕捉点 1
指定下一点或 [放弃(U)]：在动态输入按钮"DYN"打开时输入 10,-14 后回车
指定下一点或 [放弃(U)]：确信正交功能打开，光标右移，橡皮筋线水平向右时，输入 37 后回车
指定下一点或 [闭合(C)/放弃(U)]：光标上移，橡皮筋线竖直向上时，输入 7 后回车
指定下一点或 [闭合(C)/放弃(U)]：光标右移，橡皮筋线水平向右时，输入 39 后回车
指定下一点或 [闭合(C)/放弃(U)]：光标下移，橡皮筋线竖直向下时，输入 36 后回车
指定下一点或 [闭合(C)/放弃(U)]：光标左移，橡皮筋线水平向左时，输入 9 后回车
指定下一点或 [闭合(C)/放弃(U)]：关闭正交功能，光标向左上角移动，靠近内框长度为 37 的水平线附近时，按 Tab 键，输入 132 后回车
指定下一点或 [闭合(C)/放弃(U)]：回车，结束命令

命令：回车，重新执行 Line 命令
LINE 指定第一点：end
于 指定图 1-29 所示点 2
指定下一点或 [放弃(U)]：打开正交功能，移动光标，橡皮筋线竖直向下时，输入 11 后回车
指定下一点或 [放弃(U)]：光标右移，水平橡皮筋线超过 132°线后单击左键
指定下一点或 [闭合(C)/放弃(U)]：回车结束命令

按与外框类似的方法编辑 132°角两边，使其如图 1-25 所示。

对于许多人来说，世上任何事，一旦成为职业，将会变得极其枯燥无味。绘制工程图样是每一个工程师的基本技能和任务，如果永远只是机械地重复相同或类似的动作，的确会使人变得疯狂。完成一幅图形的过程不是唯一的，哪怕是画一条简单的直线，一定有更简洁的过程。我们应该努力将这个过程变成享受，哪怕是闲暇之余独自面对屏幕的孤芳自赏。本章使用较大的篇幅详细讲述了 AutoCAD 基本操作方法，读者应分析图形，反复练习，仔细体会，寻找针对特定图形的最合适的点输入方法和绘图方法。

练 习 1

按图示尺寸使用 Acadiso.dwt 为样板绘制图 1-30～图 1-32 所示平面图形，并以适当名称保存文件。尺寸标注不作要求。

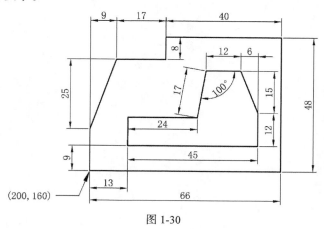

图 1-30

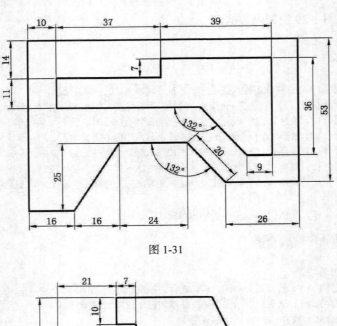

图 1-31

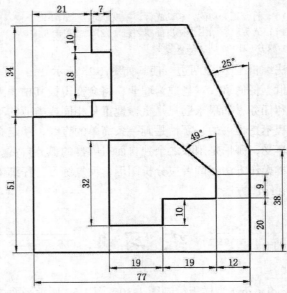

图 1-32

第2章
AutoCAD 平面图形绘制

AutoCAD 是绘制图形的高效工具，不同于手工仪器绘图，有其特定的规则以及操作流程。

2.1　平面图形绘制的一般过程

AutoCAD 绘图的一般流程为：电子图纸设置→新建一张图形→分析与绘制图形→尺寸标注与文字注释→存储和输出图形。

1. 电子图纸概念与创建

AutoCAD 绘图窗口必须经过一系列的设置后，才能成为一张可供反复使用的电子图纸，即所谓的样板文件。电子图纸设计内容包括设置图形尺寸（包括线性尺寸和角度尺寸）的度量单位及精度、绘图区域的大小、线型、图层、尺寸标注样式、文字样式等格式信息，绘制图纸图框、标题栏、材料表等。初次绘图时，应根据我国现行的制图标准，按 A0～A4 的图幅格式和要求进行相关的设置和绘制，创建不同幅面图纸的样板文件。

2. 新建一张图形

执行 New 命令，使用合适的样板文件（电子图纸）创建新图形文件。

3. 分析与绘制图形

平面图形分析包括两方面的内容，一是分析平面图形中所标注尺寸的作用，确定组成平面图形的各个几何图素的形状、大小和相互位置关系；二是结合尺寸数值，确定组成平面图形的各线段的性质，并明确其画法。

平面图形中的尺寸根据其作用不同，可分为定形尺寸和定位尺寸，分别表示几何图形形状大小和各个几何图形间的相对位置。

平面图形中的线段可按其所标注的定形、定位尺寸分为已知线段、中间线段和连接线段 3 类。

通常一幅平面图形中包含两类性质的线条，即定位线和轮廓线。定位线常以点画线绘制，轮廓线以粗实线绘制。

绘图时，一般先绘制定位点画线，再绘制轮廓粗实线。轮廓线的绘制顺序是先绘制已知线段，再绘制中间线段，最后绘制连接线段。

4. 尺寸标注与文字注释

合理且规范标注图线尺寸，书写必要的注释信息。

5. 存储和输出图形

复杂图形的绘制往往需要耗费很长的时间，在绘图过程中应经常性地保存文件，以免因为死机、掉电等原因造成损失。

如果需要打印图形，应先执行页面设置，然后使用定义好的页面设置打印图形。

需要时可以将图形输出为其他应用程序能够识读的指定格式文件。

2.2　平面图形分析实例

图 2-1 所示为手柄外形轮廓及其尺寸标注。现以图中的圆弧为例来分析它们的性质类型。

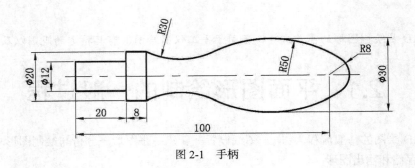

图 2-1　手柄

已知圆弧：注有完全的定形尺寸和定位尺寸，即给出了圆弧半径和圆心的两个坐标的圆弧为已知圆弧，如图中半径为 $R8$ 的圆弧。

中间圆弧：只给出定形尺寸和一个定位尺寸的圆弧，即给出圆弧半径 R 和圆心的一个坐标两个尺寸，需利用该圆弧与相连的已知线段（或圆弧）相切的条件求出圆心的另一个定位尺寸。如图 2-1 中半径为 $R50$ 的圆弧，该圆弧定形尺寸为半径 $R50$，根据直径尺寸 $\phi30$，可知该圆弧中心位于水平点划线下方 35，但其圆心左右位置需根据该圆弧与半径为 $R8$ 的圆弧相切确定，因此该圆弧为中间圆弧。

连接圆弧：只给出定形尺寸（半径），没有定位尺寸的圆弧。需利用与之均相切的两个已知线段（圆弧）求出圆心的两个定位尺寸。图 2-1 中半径为 $R30$ 的圆弧即为连接圆弧。

对于直线段也可以作类似的分析。

在绘制类似上述图形时，必须首先绘制已知线段（圆弧），其次绘制中间线段（圆弧），最后绘制连接线段（圆弧）。在绘制这些线段（圆弧）时，结合相应 AutoCAD 命令功能，可以画出其全部，也可以画出其局部，最后通过修改命令将线段（圆弧）编辑成实际形状。在该例中，由于无法确定所有圆弧起、止角度，一般应按上述方法绘制等半径圆，然后通过修剪等方式得到图 2-1 所示的圆弧。

2.3　电子图纸设置

与手工仪器绘图类似，计算机绘图也应选择图纸大小，绘制统一的图框、标题栏，设置线型、图形单位、尺寸标注型式、文字样式等格式信息。保存了这些信息的图形文件称为电子图纸，即样板文件。

电子图纸设置一般包括图形界限、图形单位、文字样式、尺寸标注样式、图层、颜色、线型、线宽等信息，必要时应根据图纸幅面绘制图纸图框、标题栏，以适应绘制不同幅面图形的需要。本节讲述设置图形界限和单位制，其他设置信息读者可参考后续相关章节并及时补充。

2.3.1　设置图形界限

虽然 AutoCAD 绘图区被认为是一张无穷大的图纸，但是大多数工程图样最终需要打印在特定幅面的图纸上用于指导生产。因此，用户绘制完成的最终图形应位于指定区域内，该区域称为图形界限。

图形界限就是绘图的范围，相当于手工仪器绘图时图纸的大小。图形界限范围一般设置为图纸大小。用户一般应定义基于 A0～A4 五种幅面的电子图纸（样板文件）。

设定合适的图形界限有利于确定图形绘制的大小、比例、图形之间的距离，有利于检查图形是否超出图纸图框。

可用下述两种方法启动设置图形界限命令。

（1）选择菜单"格式→图形界限"。

（2）用键盘输入命令 Limits。

下述过程设置一张纵置 A4 幅面图纸。

```
命令: _limits
重新设置模型空间界限:
指定左下角点或[开(ON)/关(OFF)] <0.0000,0.0000>: 回车
指定右上角点 <420.0000,297.0000>: 输入 210,297 后回车
```

图形界限命令选项说明如下。

- 指定左下角点。定义图形界限的左下角点。
- 指定右上角点。定义图形界限的右上角点，两角点之间的矩形区域即为图形界限。
- 开（ON）。打开图形界限检查功能。如果打开图形界限检查，AutoCAD 不接受图形界限之外的点输入。针对具体情况，检查方式有所不同，如画直线，如果有任何一点在图形界限之外，均无法绘制该线。对圆或文字而言，只要圆心或文字起点位于图形界限内即可，并不检查这些图形对象其他部分是否超出图形界限。此外，打开图形对象检查功能并不影响已经存在的超出图形界限的图线，也不影响执行修改命令时在图形界限之外选择图线。
- 关（OFF）：关闭图形界限检查功能。

值得注意的是，尽管最终完成的图形总是按一定的比例放在表示图纸幅面大小的图形界限范围内，但在绘图的开始阶段，无论图形表示的工程对象是多么大或是多么小，多么简单或是多么复杂，用户均应充分利用 AutoCAD 强大且方便的缩放和平移功能，按 1∶1 绘制图形。在图形绘制完成，开始标注和注释前，根据实际情况，采用合适的比例缩放图形，使之以恰当的大小放在合适幅面的图纸图框内，该缩放比例即为图纸比例。基于此，图形界限检查功能通常应保持关闭状态。

2.3.2　设置图形单位及精度

任何图形总有大小、方位、精度以及所采用的单位。在 AutoCAD 中绘图时，使用的是图形单位，与真实的单位对应，该单位可以是毫米、米、千米、英尺、英寸，甚至是光年。

设置图形单位和精度使用 Units 命令，使用下述方法之一启动 Units 命令。

（1）选择菜单"格式→单位"。

（2）从键盘输入命令 Units。

启动 Units 命令后，AutoCAD 弹出图 2-2（a）所示"图形单位"对话框。

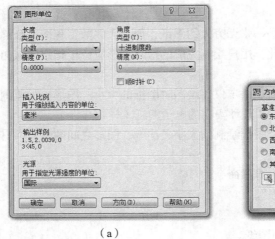

（a）　　　　　　　　　　　　　（b）

图 2-2　"图形单位"和"方向控制"对话框

"图形单位"对话框各选项说明如下。

● 长度类型。设置长度数值的类型。以 Acadiso.dwt 为样板创建的图形文件的长度类型为小数，如 13.5。此外用户还可以改用分数（如 13 1/2）、工程（如 1'-0.125"）、建筑（如 1'-1/8"）、科学计数法（如 1.35E+1）等形式表示长度数值。

● 长度精度。设置长度数值精度。以长度数值类型为小数为例，AutoCAD 允许设置长度数值最高达小数点后 8 位。因此 AutoCAD 具有线条精确、设计精准的优点。

● 角度类型。设置角度度量单位。以 Acadiso.dwt 为样板创建的图形文件的角度单位采用十进制"度（°）"。如 55 度 30 分在输入时表示为 55.5。此外还可以使用百分度（如 61.66667）、度/分/秒（如 55d30'00"）、弧度（如 0.968658）、勘测单位（如 n34d30'e）等形式输入或显示角度。

● 角度精度。设置角度数值度量精度。以角度度量单位为十进制度为例，AutoCAD 允许设置角度度量精度最高达小数点后 8 位。

● 顺时针。选择该选项设置角度正方向为顺时针方向。默认角度正方向为逆时针方向。

● 插入比例。设置将当前图形作为图块插入到其他文档时采用的缩放比例。当将当前文件作为图块插入到其他文档时，AutoCAD 将按此处设置的单位转换为其他文档对应的单位。例如，将插入单位为"英寸"的文档作为图块插入到单位为"毫米"的文档时，由于 1 英寸等于 25.4 毫米，所有长度尺寸都将放大 25.4 倍，转化为以毫米为单位。如果两个文件所设置的"插入单位"相同，插入比例就是 1。当将插入比例设为"无单位"的图形文件插入到其他文档时，AutoCAD 将按"选项"对话框（菜单"工具→选项"）的"用户系统配置"选项卡的"插入比例"选项组中"源内容单位"和"目标图形单位"中所设置的单位确定插入比例。

● 方向。设置 0°角方向。单击"方向"按钮，AutoCAD 弹出"方向控制"对话框，如图 2-2（b）所示。默认情况下，AutoCAD 设置水平向右的方向为 0°角方向，用户可以通过"方向控制"对话框改变 0°角方向。

2.4　创建样板文件

下面的过程使用 AutoCAD 基本绘图命令、修改命令绘制 A3 幅面的图纸、图框、标题栏。

（1）执行"文件→新建"命令，在"选择样板"对话框中选择 Acadiso.dwt 为样板，开始一个新的图形文档。

样板文件 Acadiso.dwt 已经将图形界限 2 个角点设为"0，0"和"420，297"，图形单位设为我国工程上常用的公制格式，因此不再专门执行相关命令设定。文字样式将在本节稍后时刻设置。有关图层、颜色、线型、线宽、标注样式等信息读者可在阅读本书相关章节时重新打开该文件进行补充设置。

（2）打开正交功能，选择菜单"绘图→直线"，使用 Line 命令绘制表示 A3 图纸大小的矩形框，执行过程如下。

```
命令：_line
指定第一点：输入 0,0 后回车
指定下一点或[放弃(U)]：  光标右移，当橡皮筋线显示为水平向右时，输入 420 后回车
指定下一点或[放弃(U)]：  光标上移，当橡皮筋线显示为竖直向上时，输入 297 后回车
指定下一点或[闭合(C)/放弃(U)]：  光标左移，当橡皮筋线显示为水平向左时，输入 420 后回车
指定下一点或[闭合(C)/放弃(U)]：  输入 c，回车
```

在上述操作过程中应注意以下几点。

① 如果屏幕显示的橡皮筋线的第一点在绘图区的外面，向下滚动鼠标滚轮，直到该点出现在绘图区内。

② 一定要观察橡皮筋线方向，保证使用直接距离输入画出的直线段位于期望的方向。

③ 看到的图形可能非常小或非常大，此时可以将光标移到绘图区需要放大或缩小的位置，向上或向下滚动鼠标滚轮，放大或缩小图形。在此过程中，也可以随时按下鼠标中键，移动光标，平移图形。

（3）执行"视图→缩放→全部"命令，将图形尽可能大地显示在屏幕上，如图 2-3 所示。

（4）选择菜单"修改→偏移"，使用偏移（Offset）命令创建图框矩形。操作过程按图 2-3 输入点。

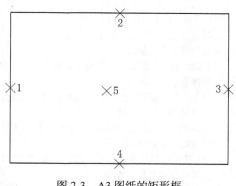

图 2-3　A3 图纸的矩形框

```
命令：_offset
当前设置：删除源=否 图层=源  OFFSETGAPTYPE=0
指定偏移距离或[通过(T)/删除(E)/图层(L)] <通过>：输入 25，回车
选择要偏移的对象，或[退出(E)/放弃(U)] <退出>：选择左侧竖直线上点 1
指定要偏移的那一侧上的点，或[退出(E)/多个(M)/放弃(U)] <退出>：在该线右侧指定一点，如点 5 附近
选择要偏移的对象，或[退出(E)/放弃(U)] <退出>：回车，结束命令

命令：回车，重复执行偏移命令
OFFSET
当前设置：删除源=否 图层=源  OFFSETGAPTYPE=0
指定偏移距离或[通过(T)/删除(E)/图层(L)] <25.0000>：输入 5，回车
```

选择要偏移的对象，或[退出(E)/放弃(U)] <退出>：指定点 2，选择上侧水平线
指定要偏移的那一侧上的点，或[退出(E)/多个(M)/放弃(U)] <退出>：在矩形内侧指定一点，如点 5 附近
选择要偏移的对象，或[退出(E)/放弃(U)] <退出>：指定点 4，选择下侧水平线
指定要偏移的那一侧上的点，或[退出(E)/多个(M)/放弃(U)] <退出>：在矩形内侧指定一点，如点 5 附近
选择要偏移的对象，或[退出(E)/放弃(U)] <退出>：指定点 3，选择右侧竖直线
指定要偏移的那一侧上的点，或[退出(E)/多个(M)/放弃(U)] <退出>：在矩形内侧指定一点，如点 5 附近
选择要偏移的对象，或[退出(E)/放弃(U)] <退出>：回车，结束命令

结果如图 2-4 所示。

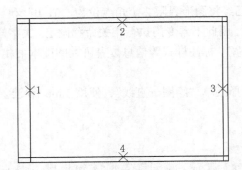

图 2-4　偏移操作得到的矩形框

（5）选择菜单"修改→圆角"，使用圆角（Fillet）命令去除图框端部多余线条。操作过程按图 2-4 输入点。

　在下面的操作中，如果命令提示行提示当前设置的半径不等于 0，应输入 r，设置圆角半径为 0。

```
命令：_fillet
当前设置：模式 = 修剪，半径 = 0.0000
选择第一个对象或
[放弃(U)/多段线(P)/半径(R)/修剪(T)/多个(M)]：输入 m 后回车
选择第一个对象或
[放弃(U)/多段线(P)/半径(R)/修剪(T)/多个(M)]：指定点 1，选择左侧直线
选择第二个对象，或
按住 Shift 键选择要应用角点的对象：指定点 2，选择上侧直线
选择第一个对象或
[放弃(U)/多段线(P)/半径(R)/修剪(T)/多个(M)]：指定点 2，选择上侧直线
选择第二个对象，或
按住 Shift 键选择要应用角点的对象：指定点 3，选择右侧直线
选择第一个对象或
[放弃(U)/多段线(P)/半径(R)/修剪(T)/多个(M)]：指定点 3，选择右侧直线
选择第二个对象，或
按住 Shift 键选择要应用角点的对象：指定点 4，选择下侧直线
选择第一个对象或
[放弃(U)/多段线(P)/半径(R)/修剪(T)/多个(M)]：指定点 4，选择下侧直线
选择第二个对象，或
按住 Shift 键选择要应用角点的对象：指定点 1，选择左侧直线
选择第一个对象或
[放弃(U)/多段线(P)/半径(R)/修剪(T)/多个(M)]：回车，结束命令
```

在执行上述圆角操作过程中，圆角半径设置可以不等于 0，此时选择第二个对象时，应先按住 Shift 键。

用户使用第 1 章介绍的另外几种点位修正方式同样可以完成该步骤操作，结果如图 2-5 所示。

（6）选择菜单"修改→偏移"，使用偏移命令构建标题栏边框。操作过程按图 2-5 输入点。

命令：_offset
当前设置：删除源=否　图层=源　OFFSETGAPTYPE=0
指定偏移距离或[通过(T)/删除(E)/图层(L)] <5.0000>：输入 32 后回车
选择要偏移的对象，或[退出(E)/放弃(U)] <退出>：指定点 1，选择内框矩形下侧直线
指定要偏移的那一侧上的点，或[退出(E)/多个(M)/放弃(U)] <退出>：在内框矩形内侧指定一点，如点 3 附近
选择要偏移的对象，或[退出(E)/放弃(U)] <退出>：回车，结束命令

命令：回车，重新执行偏移命令
OFFSET
当前设置：删除源=否　图层=源　OFFSETGAPTYPE=0
指定偏移距离或[通过(T)/删除(E)/图层(L)] <32.0000>：输入 120 后回车
选择要偏移的对象，或[退出(E)/放弃(U)] <退出>：指定点 2，选择内框矩形右侧直线
指定要偏移的那一侧上的点，或[退出(E)/多个(M)/放弃(U)] <退出>：在内框矩形内侧指定一点，如点 3 附近
选择要偏移的对象，或[退出(E)/放弃(U)] <退出>：回车，结束命令

结果如图 2-6 所示。

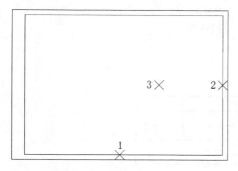

图 2-5　用圆角操作去除多余线条后的图框

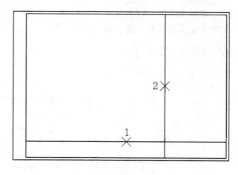

图 2-6　偏移操作得到的标题栏边框

（7）选择菜单"修改→修剪"，使用修剪（Trim）命令剪除标题栏边框多余部分。操作过程按图 2-6 选择图线。

命令：_trim
当前设置：投影=UCS，边=无
选择剪切边...
选择对象或 <全部选择>：输入回车
选择要修剪的对象，或按住 Shift 键选择要延伸的对象，或[栏选(F)/窗交(C)/投影(P)/边(E)/删除(R)/放弃(U)]：指定点 1
选择要修剪的对象，或按住 Shift 键选择要延伸的对象，或[栏选(F)/窗交(C)/投影(P)/边(E)/删除(R)/放弃(U)]：指定点 2
选择要修剪的对象，或按住 Shift 键选择要延伸的对象，或[栏选(F)/窗交(C)/投影(P)/边(E)/删除(R)/放弃(U)]：回车，结束命令

结果如图 2-7 所示。

（8）放大图框右下角区域（将光标移到矩形框右下角，向上滚动鼠标滚轮），选择菜单"修改→偏移"，使用偏移命令创建标题栏表格。操作过程按图 2-7 输入点。

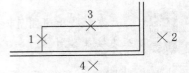

图 2-7　修剪操作得到的标题栏边框

命令：_offset
当前设置：删除源=否　图层=源　OFFSETGAPTYPE=0
指定偏移距离或[通过(T)/删除(E)/图层(L)] <120.0000>：输入 20 后回车
选择要偏移的对象，或[退出(E)/放弃(U)] <退出>：指定点 1，选择标题栏表格左侧边
指定要偏移的那一侧上的点，或[退出(E)/多个(M)/放弃(U)] <退出>：输入 m，回车，进行多重偏移
指定要偏移的那一侧上的点，或[退出(E)/放弃(U)] <下一个对象>：指定点 2
指定要偏移的那一侧上的点，或[退出(E)/放弃(U)] <下一个对象>：指定点 2
指定要偏移的那一侧上的点，或[退出(E)/放弃(U)] <下一个对象>：指定点 2
指定要偏移的那一侧上的点，或[退出(E)/放弃(U)] <下一个对象>：指定点 2
指定要偏移的那一侧上的点，或[退出(E)/放弃(U)] <下一个对象>：指定点 2
指定要偏移的那一侧上的点，或[退出(E)/放弃(U)] <下一个对象>：回车，结束偏移

命令：回车，重复偏移命令
OFFSET
当前设置：删除源=否　图层=源　OFFSETGAPTYPE=0
指定偏移距离或[通过(T)/删除(E)/图层(L)] <20.0000>：输入 8，回车
选择要偏移的对象，或[退出(E)/放弃(U)] <退出>：指定点 3，选择标题栏表格上边框
指定要偏移的那一侧上的点，或[退出(E)/多个(M)/放弃(U)] <退出>：输入 m，回车，进行多重偏移
指定要偏移的那一侧上的点，或[退出(E)/放弃(U)] <下一个对象>：指定点 4
指定要偏移的那一侧上的点，或[退出(E)/放弃(U)] <下一个对象>：指定点 4
指定要偏移的那一侧上的点，或[退出(E)/放弃(U)] <下一个对象>：指定点 4
选择要偏移的对象，或[退出(E)/放弃(U)] <退出>：回车，结束命令

结果如图 2-8 所示。

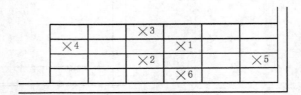

图 2-8　偏移操作得到的标题栏表格

（9）选择菜单"修改→修剪"，执行修剪命令去除标题栏表格中多余的线段，执行过程参考图 2-8 选择图线。

命令：_trim
当前设置：投影=UCS，边=无
选择剪切边...
选择对象或 <全部选择>：指定点 1（图中相应单元格空白处）
指定对角点：指定点 2（图中相应单元格空白处）
找到 2 个
选择对象：回车，结束选择剪切边
选择要修剪的对象，或按住 Shift 键选择要延伸的对象，或[栏选(F)/窗交(C)/投影(P)/边(E)/删除(R)/放弃(U)]：指定点 3（图中相应单元格空白处）
指定对角点：指定点 4（图中相应单元格空白处）

选择要修剪的对象，或按住 Shift 键选择要延伸的对象，或[栏选(F)/窗交(C)/投影(P)/边(E)/删除(R)/放弃(U)]： 指定点 5（图中相应单元格空白处）

指定对角点： 指定点 6（图中相应单元格空白处）

选择要修剪的对象，或按住 Shift 键选择要延伸的对象，或[栏选(F)/窗交(C)/投影(P)/边(E)/删除(R)/放弃(U)]： 回车，结束命令

结果如图 2-9 所示。

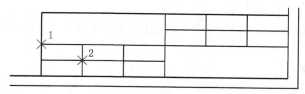

图 2-9 修剪操作得到的标题栏表格

 在较低版本的 AutoCAD 中，选择要修剪的对象时不能按上述过程快速选取，用户必须依次选择欲剪除的图形线段才能完成修剪操作。

（10）填写标题栏文字。

① 打开对象捕捉模式，并确认端点、交点、中点捕捉功能处于打开状态。

② 选择菜单"绘图→直线"，执行直线命令，绘制辅助线，参照图 2-9 指定点。

命令：_line
指定第一点： 指定点 1，捕捉图示端点
指定下一点或[放弃(U)]： 指定点 2，捕捉图示交点
指定下一点或[放弃(U)]： 回车，结束命令

③ 选择菜单"格式→文字样式"，执行文字样式设定命令，在打开的"文字样式"对话框中，取消"使用大字体"复选框，设置文字样式为"宋体"，如图 2-10 所示。

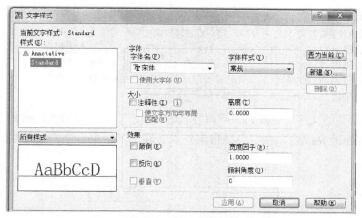

图 2-10 "文字样式"对话框

④ 选择菜单"绘图→文字→单行文字"，书写单行文字。

命令：_dtext
当前文字样式： "Standard" 文字高度： 2.5000 注释性： 否
指定文字的起点或[对正(J)/样式(S)]： 输入 j，回车

输入选项

[对齐(A)/调整(F)/中心(C)/中间(M)/右(R)/左上(TL)/中上(TC)/右上(TR)/左中(ML)/正中(MC)/右中(MR)/左下(BL)/中下(BC)/右下(BR)]：输入 mc，设置文字对正方式为正中，回车

指定文字的中间点：输入 mid，回车，也可用其他方式启动中点捕捉功能

于 将光标移到辅助对角线中点附近，确信捕捉到中点后单击左键

指定高度 <2.5000>：输入 5 回车，设置文字高度为 5

指定文字的旋转角度 <0>：回车，设置文字旋转角度为默认角度 0°

输入文字"绘图"，回车 2 次，结束命令。

⑤选择辅助对角线，使其端点及中点处出现蓝色界标（夹点），然后按键盘上的"删除(Delete)"键删除该线。

结果如图 2-11 所示。

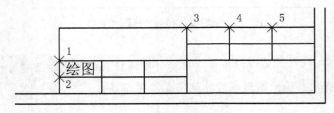

图 2-11　输入文字"绘图"

⑥ 确定对象捕捉模式是打开的，并且能自动捕捉端点。

⑦ 选择菜单"修改→复制"，执行复制命令，将"绘图"字样复制到其他单元格，操作过程参照图 2-11 选点。

命令：_copy

选择对象：选择"绘图"字样

找到 1 个

选择对象：回车，结束选择

当前设置：　复制模式 = 多个（注意：如果复制模式为单个，在接下来的操作中请输入选项 O，设置复制模式为多个）

指定基点或[位移(D)/模式(O)] <位移>：指定点 1，捕捉相应单元格左上角点。

指定第二个点或 <使用第一个点作为位移>：指定点 2，捕捉相应单元格左上角点

指定第二个点或[退出(E)/放弃(U)] <退出>：指定点 3，捕捉相应单元格左上角点

指定第二个点或[退出(E)/放弃(U)] <退出>：指定点 4，捕捉相应单元格左上角点

指定第二个点或[退出(E)/放弃(U)] <退出>：指定点 5，捕捉相应单元格左上角点

指定第二个点或[退出(E)/放弃(U)] <退出>：回车，结束命令

⑧ 双击复制得到的文字，更改其文字内容，然后单击 2 次需要修改内容的其余文字，重新键入文字内容，全部修改完成后，在空白处指定一点，回车，结束命令，结果如图 2-12 所示。

图 2-12　输入标题栏其他文字

⑨ 打开正交功能，关闭对象捕捉功能。

⑩ 选择菜单"绘图→文字→单行文字"，执行单行文字命令，操作过程参照图 2-12 选点。

操作过程可能需要关闭对象捕捉功能，避免捕捉到单元格角点。

```
命令: _dtext
当前文字样式: "Standard"  文字高度: 5.0000  注释性: 否
指定文字的起点或[对正(J)/样式(S)]: 输入 j 后回车
输入选项
[对齐(A)/调整(F)/中心(C)/中间(M)/右(R)/左上(TL)/中上(TC)/右上(TR)/左中(ML)/正中(MC)/右中(MR)/左
下(BL)/中下(BC)/右下(BR)]: 输入 f，采用调整的对正方式
指定文字基线的第一个端点: 指定点 1
指定文字基线的第二个端点: 确定正交功能打开，指定点 2
指定高度 <5.0000>: 指定点 3
输入单位名称，如"南京邮电大学"字样，回车 2 次结束命令。
```

（11）选择菜单"视图→缩放→全部"，观察图形全貌，如图 2-13 所示。

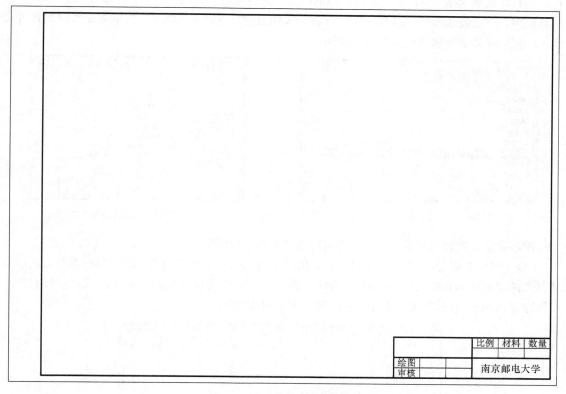

图 2-13　标题栏文字输入完成后的图形全貌

（12）选择菜单"格式→图层"，执行 Layer 命令，在弹出的"图层特性管理器"对话框中的图层列表框中单击右键，在弹出的快捷菜单中选择"新建图层"，创建三个名称分别为"Center"、"Solid"、"Thin"的层，分别用来绘制点画线、粗实线、细实线。设置 Solid 层的线宽为 0.3mm，Center 层的线型为 Center2，如图 2-14 所示。

（13）设置图层线型。选择需要改变线型的图层，单击该图层对应线型名称（如图 2-14 中的 Continuous），在弹出的"选择线型"对话框中选择相应的线型，如图 2-15 所示。

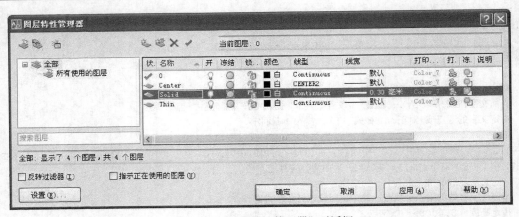

图 2-14 "图层特性管理器"对话框

如果"选择线型"对话框中没有列出所需要的线型，可以单击该对话框中的"加载"按钮，在"加载或重载线型"对话框中选择相应的线型，将其加载到当前文件中，如图 2-16 所示。在该对话框中，可以先选择一个线型，然后按 Ctrl+A 组合键，选择全部线型，将全部线型加载到当前文件，但这样做会导致图形文件长度增加。

图 2-15 "选择线型"对话框

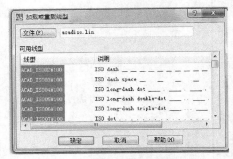

图 2-16 "加载或重载线型"对话框

图层定义、设置完成后，关闭"图层特性管理器"对话框。

（14）选择菜单命令"文件→另存为"，执行 Saveas 命令，在弹出的"图形另存为"对话框中选择文件类型为 AutoCAD 图形样板（后缀名为 dwt），将图形保存为 My_A3.dwt 文件。该文件自动保存在 AutoCAD 样板文件夹 Template 内，如图 2-17 所示。

图 2-17 "图形另存为"对话框

为了避免由于系统崩溃等原因造成损失，应在创建新文件命令后立即保存文件，并在绘图过程中经常通过快捷键 Ctrl+S 保存文件。这是一个非常优良的习惯，需要养成。

2.5　绘制平面曲线图形

下面的过程使用上节绘制的 My_A3.dwt 文件为样板，绘制图 2-18 所示的吊钩投影图。

（1）平面图形分析。在吊钩投影图中，直径为 26、46 的 2 个圆和半径为 R18、R46 的 2 个圆弧的定形尺寸（直径或半径）和对应的两个定位尺寸是已知的，它们是已知线段（圆或圆弧）。与 R18、R8 圆弧同时相切的圆弧段没有标注任何尺寸，该圆弧与 26、46 圆同心，因此也可以认为是已知线段（圆弧）。其余圆弧均只给出了定形尺寸，属于连接弧。该图没有中间弧。

（2）选择菜单"文件→新建"，执行 New 命令，在"选择样板"对话框中选择 My_A3.dwt，创建一个新的 AutoCAD 图形文件，如图 2-19 所示。

（3）打开正交功能，选择"绘图→直线"，执行 Line 命令，绘制长度分别为 72 和 10 的竖直线和水平线。

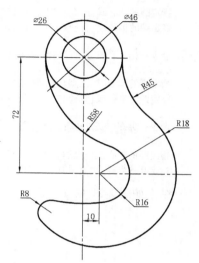

图 2-18　吊钩投影图

```
命令: _line
指定第一点: 在图框内靠近中央的区域指定一点
指定下一点或[放弃(U)]: 光标下移，当橡皮筋线显示为竖直向下时，输入 72，回车
指定下一点或[放弃(U)]: 光标右移，当橡皮筋线显示为水平向右时，输入 10，回车
指定下一点或[闭合(C)/放弃(U)]: 回车，结束命令
```

结果如图 2-20 所示（双点画线圆除外）。

图 2-19　"选择样板"对话框

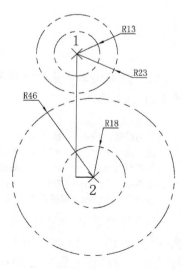

图 2-20　控制竖直线和水平线

（4）打开对象捕捉功能，确定端点捕捉功能处于打开状态。选择菜单"绘图→圆→圆心、半径"，执行 Circle 命令，使用"圆心、半径"方式按图 2-20 所示位置和半径绘制 4 个圆。

命令：_circle
指定圆的圆心或[三点(3P)/两点(2P)/相切、相切、半径(T)]：指定点 1，捕捉竖直线上端点
指定圆的半径或[直径(D)]：输入 13，回车

命令：回车，重复执行画圆命令
CIRCLE
指定圆的圆心或[三点(3P)/两点(2P)/相切、相切、半径(T)]：指定点 1，捕捉竖直线上端点
指定圆的半径或[直径(D)] <13.0000>：输入 23，回车

命令：回车，重复执行画圆命令
CIRCLE
指定圆的圆心或[三点(3P)/两点(2P)/相切、相切、半径(T)]：指定点 2，捕捉水平线右端点
指定圆的半径或[直径(D)] <23.0000>：输入 18，回车

命令：回车，重复执行画圆命令
CIRCLE
指定圆的圆心或[三点(3P)/两点(2P)/相切、相切、半径(T)]：指定点 2，捕捉水平线右端点
指定圆的半径或[直径(D)] <18.0000>：输入 46，回车

结果如图 2-21（a）所示。

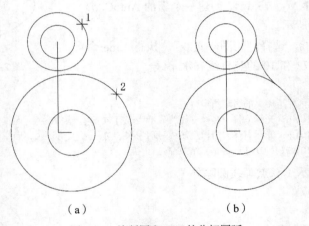

（a）　　　　　　　　　　　（b）

图 2-21　绘制圆和 R45 的公切圆弧

（5）选择菜单"修改→圆角"，创建图 2-21（b）所示半径为 45 的公切圆弧。执行过程按图 2-21（a）选择点。

命令：_fillet
当前设置：模式 = 修剪，半径 = 0.0000
选择第一个对象或[放弃(U)/多段线(P)/半径(R)/修剪(T)/多个(M)]：输入 r，回车，设置圆角半径
指定圆角半径 <0.0000>：输入 45，回车
选择第一个对象或[放弃(U)/多段线(P)/半径(R)/修剪(T)/多个(M)]：指定半径为 23 的圆上点 1
选择第二个对象，或按住 Shift 键选择要应用角点的对象：指定半径为 46 的圆上点 2

（6）选择菜单"绘图→圆→相切、相切、半径"，绘制图 2-22（b）所示半径为 58 的公切圆。执行过程按图 2-22（a）所示输入点。注意：不同于直接用键盘输入画圆命令 Circle，在此过程中的"_ttr"字样输入是 AutoCAD 自动完成的。

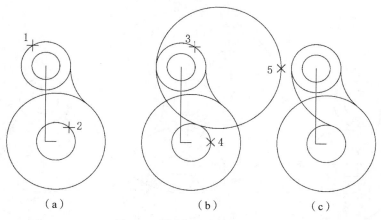

图 2-22　绘制 R58 的公切圆弧

```
命令: _circle
指定圆的圆心或[三点(3P)/两点(2P)/相切、相切、半径(T)]: _ttr
指定对象与圆的第一个切点: 指定图 2-22（a）所示半径为 23 的圆上点 1
指定对象与圆的第二个切点: 指定图 2-22（a）所示半径为 18 的圆上点 2
指定圆的半径 <46.0000>: 输入 58, 回车
```

（7）选择菜单"修改→修剪"，按下述过程执行 Trim 命令修剪图线。执行过程按图 2-22（b）所示点选择图线，执行结果如图 2-22（c）所示。

```
命令: _trim
当前设置:投影=UCS, 边=无
选择剪切边...
选择对象或 <全部选择>: 指定点 3, 选择半径为 23 的圆
找到 1 个
选择对象: 指定点 4, 选择半径为 18 的圆
找到 1 个, 总计 2 个
选择对象: 回车, 结束选择
选择要修剪的对象, 或按住 Shift 键选择要延伸的对象, 或[栏选(F)/窗交(C)/投影(P)/边(E)/删除(R)/放弃
(U)]: 指定点 5
选择要修剪的对象, 或按住 Shift 键选择要延伸的对象, 或[栏选(F)/窗交(C)/投影(P)/边(E)/删除(R)/放弃
(U)]: 回车, 结束命令
```

（8）选择菜单"绘图→圆→圆心、半径"，执行 Circle 命令画圆。执行过程使用命令行缩写启动指定对象捕捉功能，按图 2-23（a）输入点。

```
命令: _circle
指定圆的圆心或
[三点(3P)/两点(2P)/相切、相切、半径(T)]: 输入 end, 回车, 启动端点捕捉
于 指定点 1
指定圆的半径或[直径(D)] <58.0000>:输入 tan, 回车, 启动切点捕捉
到 指定点 2
```

（9）选择菜单"修改→修剪"，使用 Trim 命令去除多余的圆弧线段。操作过程按图 2-23（b）指定点。

```
命令: _trim
当前设置:投影=UCS, 边=无
选择剪切边...
```

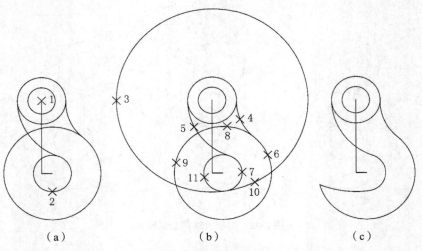

图 2-23　绘制与 R18 相切的圆弧并修剪多余弧线

选择对象或 <全部选择>：指定图 2-23（b）所示点 3，选择步骤（8）绘制的圆
找到 1 个
选择对象：指定图 2-23（b）所示点 4，选择半径为 45 的圆弧
找到 1 个，总计 2 个
选择对象：指定图 2-23（b）所示点 5，选择半径为 58 的圆弧
找到 1 个，总计 3 个
选择对象：指定图 2-23（b）所示点 6，选择半径为 46 的圆弧
找到 1 个，总计 4 个
选择对象：指定图 2-23（b）所示点 7，选择半径为 18 的圆弧
找到 1 个，总计 5 个
选择对象：回车，结束选择
选择要修剪的对象，或按住 Shift 键选择要延伸的对象，或
[栏选(F)/窗交(C)/投影(P)/边(E)/删除(R)/放弃(U)]：指定图 2-23（b）所示点 3
选择要修剪的对象，或按住 Shift 键选择要延伸的对象，或
[栏选(F)/窗交(C)/投影(P)/边(E)/删除(R)/放弃(U)]：指定图 2-23（b）所示点 8
选择要修剪的对象，或按住 Shift 键选择要延伸的对象，或
[栏选(F)/窗交(C)/投影(P)/边(E)/删除(R)/放弃(U)]：指定图 2-23（b）所示点 9
选择要修剪的对象，或按住 Shift 键选择要延伸的对象，或
[栏选(F)/窗交(C)/投影(P)/边(E)/删除(R)/放弃(U)]：指定图 2-23（b）所示点 10
选择要修剪的对象，或按住 Shift 键选择要延伸的对象，或
[栏选(F)/窗交(C)/投影(P)/边(E)/删除(R)/放弃(U)]：指定图 2-23（b）所示点 11
选择要修剪的对象，或按住 Shift 键选择要延伸的对象，或
[栏选(F)/窗交(C)/投影(P)/边(E)/删除(R)/放弃(U)]：回车，结束命令

结果如图 2-23（c）所示。

（10）选择菜单"修改→圆角"，使用 Fillet 命令创建半径为 8 的圆弧，操作中按图 2-24（a）
选择图线，结果如图 2-24（b）所示。

命令：_fillet
当前设置：模式 = 修剪，半径 = 45.0000
选择第一个对象或[放弃(U)/多段线(P)/半径(R)/修剪(T)/多个(M)]：输入 r，回车，设置圆角半径
指定圆角半径 <45.0000>：输入 8，回车
选择第一个对象或[放弃(U)/多段线(P)/半径(R)/修剪(T)/多个(M)]：指定图 2-24（a）所示点 1
选择第二个对象，或按住 Shift 键选择要应用角点的对象：指定图 2-24（a）所示点 2

（11）打开对象捕捉和正交功能，选择菜单"绘图→直线"，执行 Line 命令补画直线，按图 2-25（a）捕捉点，结果如图 2-25（b）所示。

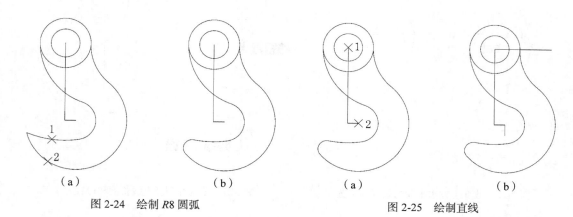

图 2-24　绘制 R8 圆弧　　　　　　　　　　　　图 2-25　绘制直线

```
命令：_line
指定第一点：捕捉图 2-25（a）端点 1
指定下一点或[放弃(U)]：光标右移，橡皮筋线显示为水平向右时，输入 52，回车
指定下一点或[放弃(U)]：回车，结束命令

命令：回车，重复执行画直线命令
LINE
指定第一点：捕捉图 2-25（a）端点 2
指定下一点或[放弃(U)]：光标下移，橡皮筋线显示为竖直向下时，输入 10，回车
指定下一点或[放弃(U)]：回车，结束命令
```

（12）使用界标编辑功能改变直线长度和端点位置。

在 AutoCAD 窗口命令行最后一行显示"命令："字样时（此时意味着 AutoCAD 等待用户输入），选择图中的某一条直线段，使其端点和中点处出现蓝色的正方形小框（即界标），将光标移到一侧端点处界标，单击鼠标左键，界标变为红色，移动光标，在适当位置再次单击鼠标左键，可改变直线的端点位置；用鼠标左键单击直线段中点处界标，使其变为红色，移动光标，到适当位置，再次单击鼠标左键，可改变直线位置，实现移动（或复制）功能。

注意　在下述操作过程中，必要时应关闭对象捕捉功能。

① 选择图 2-26（a）所示的水平线，将光标移到其中点处的界标 1，单击鼠标左键，该界标变为红色，移动光标，捕捉其左侧圆心或端点，单击鼠标左键，按 Esc（退出）键，结果如图 2-26（b）所示。

② 选择图 2-27（a）所示竖直线，该直线特征点显示界标。单击该直线上端界标 1 使其变为红色，光标上移到图中所示点 2（大概）位置，单击鼠标左键；单击该直线下端界标 3，光标下移到图中所示点 4（大概）位置，单击鼠标左键。按键盘 Esc（退出）键，结果如图 2-27（b）所示。

③ 选择图 2-28（a）所示水平直线，该直线特征点显示界标。单击该直线左端界标 1 使其变为红色，光标左移到图中所示点 2（大概）位置，单击鼠标左键；单击该直线右端界标 3，光标右移到图中所示点 4（大概）位置，单击鼠标左键。按键盘 Esc（退出）键，结果如图 2-28（b）所示。

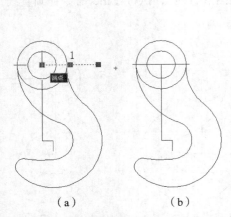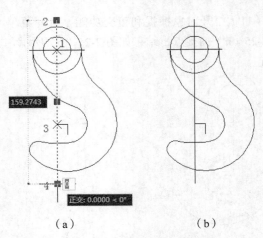

（a）　　　　　　　　（b）　　　　　　　　　　（a）　　　　　　　　（b）

图 2-26　改变上方水平线的长度和位置　　　　图 2-27　改变左侧竖直线长度和位置

④ 选择图 2-29（a）所示竖直直线，该直线特征点显示界标。单击该直线上端界标 1 使其变为红色，光标上移，使橡皮筋线显示为竖直向上，输入 10，回车。按键盘 Esc（退出）键，结果如图 2-29（b）所示。

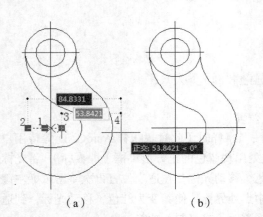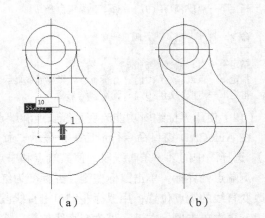

（a）　　　　　　　　（b）　　　　　　　　　　（a）　　　　　　　　（b）

图 2-28　改变下方水平线的长度和位置　　　　图 2-29　改变右侧竖直线长度和位置

（13）下面的过程改变吊钩投影图中的图线图层特性。如果屏幕上没有显示"特性"窗口，请选择菜单"修改→特性"。

选择吊钩投影图中所有图线，在"特性"窗口的"图层"标签旁的下拉列表框中选择"Solid"图层，如图 2-30 所示。

按 Esc 键取消所有选择。可以看到，所有图线均以粗实线显示（设置宽度为 0.3），如果显示没有变化，请打开状态行"线宽"按钮。

选择图中所有直线，将它们的图层特性设为 Center，按 Esc 键取消选择，可以看到，这些直线段以点画线形式显示。如果觉得点画线中线段与空隙长度过大，可重新选择这些直线，在特性窗口中的"线型比例（Linetype scale）"标签旁的单元格中输入小于 1 的比例因子，如 0.5 或 0.2 等。

编辑完成的吊钩图形如图 2-31 所示。

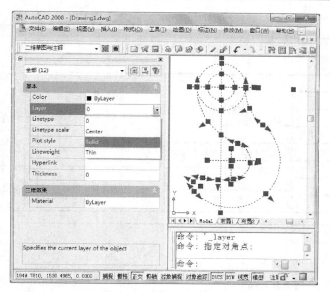

图 2-30　"特性"窗口

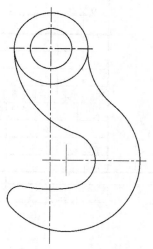

图 2-31　绘图完成的吊钩

练 习 2

1. 使用 Acadiso.dwt 为样板按图 2-32（a）所示尺寸绘制横置 A4 幅面电子图纸（样板图），其中标题栏表格详细尺寸参见图 2-32（b），绘图开始时设置图形界限为（0，0）～（297，210）。保存样板文件名为 My_Landscape_A4.dwt。

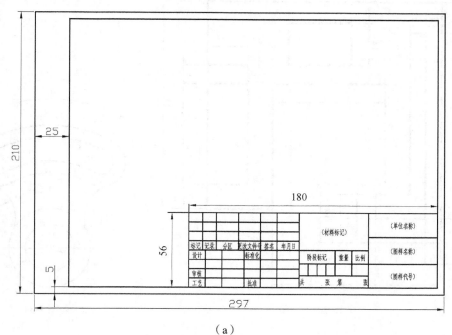

（a）

图 2-32

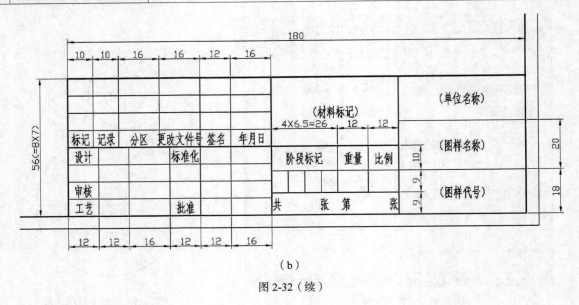

（b）

图 2-32（续）

2. 使用 My_Landscape_A4.dwt 为样板文件绘制图 2-33～图 2-38 所示各平面图形。图中线型、线宽等图线特性暂不作要求。

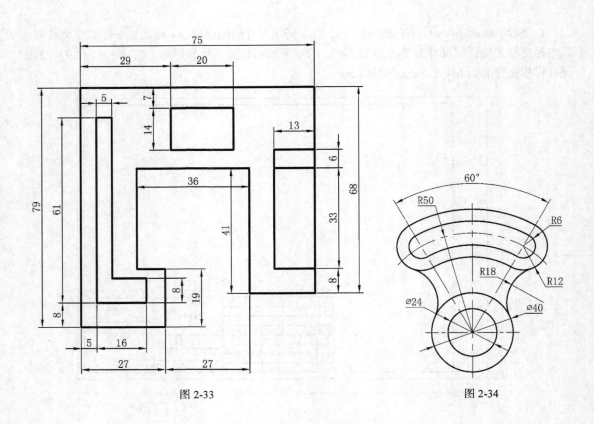

图 2-33

图 2-34

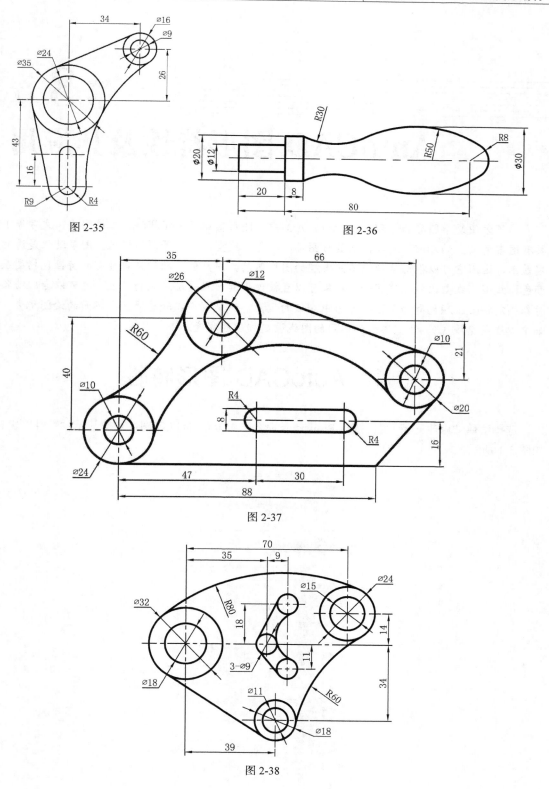

图 2-35

图 2-36

图 2-37

图 2-38

第3章
AutoCAD 图形特性及其应用

为了方便复杂图形的管理，在 AutoCAD 中，图形实体（三维模型、二维图线、文字等）除具有通常意义上的几何信息外，还具有图层、颜色、线型、线宽等逻辑特性。图层就像是透明的覆盖图，运用它可以很好地组织不同类型的图形信息。用户创建的对象都具有的特性包括图层、颜色、线型、线型比例、线宽等，对象可以直接使用其所在图层定义的特性，也可以专门给各个对象指定特性。颜色有助于区分图形中相似的元素，线型则可以轻易地区分不同的绘图元素（例如中心线或隐藏线），线宽用来为不同的图线设定相应的宽度。

3.1 AutoCAD 图形特性

选择菜单"修改→特性"，执行 Properties 命令，AutoCAD 在绘图区左侧显示"特性"窗口，如图 3-1 所示。

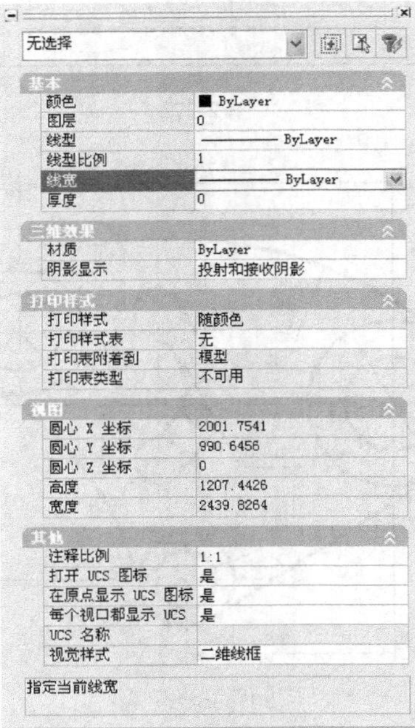

图 3-1 "特性"窗口

由图 3-1 可知，AutoCAD 图形实体基本特性包括颜色、图层、线型、线型比例、线宽、厚度等。

AutoCAD 允许赋予部分二维图线厚度特性使其化为三维曲面。图 3-2（a）和图 3-2（b）分别显示了具有厚度的圆、矩形、直线的俯视图和西南等轴侧视图。

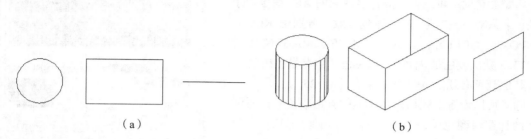

图 3-2　具有厚度的二维图线

不是所有图形元素都具有厚度特性，直线、多段线、圆（弧）等具有厚度属性，椭圆、样条曲线等不具有厚度特性，单行文字的字体为形字体时具有厚度特性，字体为 TrueType 字体时不具有厚度特性。

在没有选择任何图线时，AutoCAD 特性窗口中显示的基本特性值称为当前特性。在图 3-1 所对应的图形中，当前颜色为 ByLayer、当前图层为 0 层。当前线型为 ByLayer，当前（局部）线型比例为 1，当前线宽为 ByLayer；当前厚度为 0。使用"绘图"菜单中的命令创建的新图形对象被赋予当前特性，即新图形对象采用当前颜色、线型、线宽绘制，放置在当前图层上。

可以通过特性窗口中特性标签（即"颜色"、"图层"等字样）旁的下拉列表框或编辑框修改当前特性。此外，还可通过执行颜色、图层、线型、线宽等命令设置当前特性。

3.2　使 用 颜 色

为图线设置颜色的主要目的如下。

（1）便于识别图形中同类元素，例如，可以在装配图中将属于同一个零件的所有图线设置为同一种颜色，在零件图中将所有可见的轮廓线设置为同一种颜色，将不可见的轮廓线设置为另外一种不同的颜色。

（2）通过颜色控制不同类型图线的打印效果。早期版本的 AutoCAD 图线不具有线宽特性，打印线宽完全依靠图线颜色控制。

（3）使用颜色还可以使图形具有层次感，提高图形的可读性。

设置当前颜色通过下述两种方法。

（1）在特性窗口"颜色"标签旁下拉列表框中选择一种颜色。

（2）选择菜单"格式→颜色"，执行 Color 命令。

执行 Color 命令，或单击特性窗口"颜色"标签旁下拉列表框中"选择颜色"项时，AutoCAD 弹出"选择颜色"对话框，如图 3-3 所示。用户可以用鼠标选择一种颜色，或在"颜色"标签下方的编辑框中输入颜色的名称或颜色索引号，将指定颜色设为当前颜色。

AutoCAD 允许通过索引颜色、真彩色和配色系统三种方式选择（设置）颜色。

在工程图样设计中，一般不鼓励使用真彩色，因为这会使打印输出变得难以控制，除非因为设计效果显示的需要。

索引颜色通过名称或索引（AutoCAD Color Index，ACI）号（1～255 的整数）标识。

指定颜色时，可以输入颜色名或它的 ACI 编号。标准颜色名只对 1～7 号 ACI 颜色有效，分别是 RED、YELLOW、GREEN、CYAN、BLUE、MAGENTA、WHITE。默认颜色是 7，白色或黑色（由背景色决定）。所有其他颜色必须由 ACI 编号指定（8～255）。

除了可以设置上述物理意义上的真正颜色外，还可以将两种逻辑颜色设为当前颜色，分别是 ByLayer 和 ByBlock。

"ByLayer" 是 "随层" 的意思。任何 AutoCAD 图

图 3-3　"选择颜色" 对话框

形实体都具有图层特性，即任何图形实体都是画在特定的图层上的。图层也具有颜色、线型、线宽等特性，用户可以为图层指定颜色、线型、线宽。当图线颜色特性被设定为 "随层" 时，图线的颜色就由其所在的图层颜色决定。例如，某个圆的颜色被设定为 "ByLayer（随层）"，它位于 0 层上，如果 0 层的颜色被设为红色，则该圆显示为红色，如果我们将 0 层的颜色改为绿色，则该圆的颜色就显示为绿色。

类似地，AutoCAD 图线的线型、线宽特性也可以设置为 ByLayer（随层）。

事实上，AutoCAD 图形实体的颜色、线型、线宽特性的默认设置就是 ByLayer（随层），如图 3-1 所示。这样做的好处是，用户只需控制图层的颜色、线型、线宽就可以控制复杂图形中所有同类图形的颜色、线型、线宽。有关图层及其控制的概念将在本章后文讲述。

因此，规范的绘图操作一般不改变图形的当前颜色、线型、线宽，而保持特性默认设置（ByBlock）。

"ByBlock" 是 "随块" 的意思。图块是 AutoCAD 图形中作为整体看待的各类图形实体的组合（参见本书第 4 章）。与一般图形实体一样，图块也具有颜色、线型、线宽特性，当图块中的图线具有 ByBlock（随块）的特性时，其实际特性由图块特性决定。例如，AutoCAD 尺寸标注中的尺寸界线、尺寸线、尺寸文字、箭头构成图块（无名块），它们的颜色、线型、线宽均被设置为 ByBlock（随块）。通过设置图块特性，可以统一控制图块所包含的图线特性。随块（ByBlock）特性在符号库定义中有重要的应用。

3.3　使用线型

工程图样中，不同类型的图线应使用不同的线型绘制，如可见轮廓线、尺寸线、尺寸界线、引出线等使用连续线绘制，轴线、对称线使用点画线绘制，不可见的轮廓线使用虚线绘制，假想的轮廓线使用双点画线。

线型是点、横线和空格按一定规律重复出现形成的图案。复杂线型是符号与点、横线、空格组合的图案。线型名及其定义描述了一定的点画序列、横线和空格的相对长度。用户可以创建自定义线型。

要使用线型，必须首先将其加载到当前图形中。加载线型的方法是选择菜单 "格式→线型"，

或从键盘输入 Linetype 命令，在"线型管理器"对话框中进行，如图 3-4（a）所示。线型定义存储于后缀名为 LIN 的库文件中。

在"线型管理器"对话框中，单击"加载"按钮，AutoCAD 弹出"加载或重载线型"对话框，如图 3-4（b）所示。根据当前文件单位制不同，AutoCAD 显示线型定义文件 Acad.lin 或 Acadiso.lin 中定义的所有线型，前者用于英制绘图环境，后者用于公制绘图环境。在"加载或重载线型"对话框中选择一个或多个线型（选择方法与 Windows 资源管理器中选择文件类似），单击"确定"按钮，返回"线型管理器"对话框。

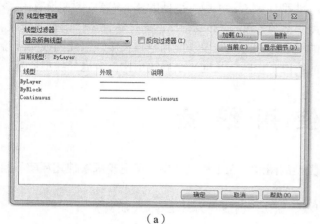

（a）　　　　　　　　　　　　　　　　（b）

图 3-4　"线型管理器"与"加载或重载线型"对话框

AutoCAD 使用当前线型创建新图形对象。默认当前线型为 ByLayer（随层）。

设置当前线型的方法如下。

（1）在特性窗口"线型"标签旁下拉列表框中选择一种线型。

（2）选择菜单"格式→线型"，执行 Linetype 命令，在"线型管理器"对话框中选择相应的线型，然后单击"当前"按钮。

执行上述操作的前提是相应线型已加载到当前图形中。

可以设置当前线型为 ByBlock（随块）。

很多时候，屏幕显示（包括打印结果）并不能显著反映线型设置效果，这是因为 AutoCAD 通过线型比例控制每个绘图单位中画出的线型图案重复次数的缘故。为了明白线型比例的概念，必须首先明白 AutoCAD 定义线型的方法。

打开 Windows 资源管理器，在 Windows 7 操作系统中，切换到如下目录。

C:\Users\Administrator\AppData\Roaming\Autodesk\AutoCAD 2008\R17.1\enu\Support 找到线型定义文件 Acadiso.lin，使用记事本打开该文件。仔细阅读该文件，可以归纳得出：每种线型通过两行定义，第一行为线型名称、线型说明与样例，第二行定义了绘制线型时线段长度和空隙长度。以点画线 CENTER2 为例，线型定义如下。

```
*CENTER2, Center (.5x) __ _ __ _ __ _ __ _
A,19.05,-3.175,3.175,-3.175
```

线型"CENTER2"定义为"A，19.05，-3.175，3.175，-3.175"，其中，正数 19.05、3.175 表示画线（线段）长度，负数-3.175 表示空开不画（空隙）长度。

因此，线型比例的作用是使用比例因子控制画线时的线段长度和空隙长度。默认情况下，线型比例为 1.0，此时按线型定义的线段长度和空隙长度画线。如果设置线型比例为 0.5，则按线型定义的线段长度和空隙长度的一半画线。

线型比例分为全局线型比例和局部线型比例。

全局线型比例影响当前图形中的所有图线，使用 LTScale 命令设置或修改。该命令一般没有菜单项。

```
命令：ltscale
输入新线型比例因子 <1.0000>：（输入线型比例因子）
```

AutoCAD 每个图形对象都具有（局部）线型比例特性（版本很低的 AutoCAD 图形没有），该比例因子只影响指定图线绘制时的线段长度和空隙长度。局部线型比例通过特性窗口设置或修改。

全局线型比例和局部线型比例同时影响图线绘制时的线段长度和空隙长度。因此图线实际绘制时的线段（空隙）长度等于线型定义时的线段（空隙）长度×全局线型比例×局部线型比例。

3.4 使用线宽

与线型类似，线宽同样用于区分不同类型的图线。在工程设计中，可见轮廓线使用粗实线绘制，其他类型图线使用细线绘制。

AutoCAD 使用当前线宽创建新图形对象。默认当前线宽为 ByLayer（随层）。

设置当前线宽的方法如下。

（1）在特性窗口"线宽"标签旁下拉列表框中选择一种线宽。

（2）选择菜单"格式→线宽"，执行 Lineweight 命令，在"线宽设置"对话框中选择相应的线宽，如图 3-5 所示。

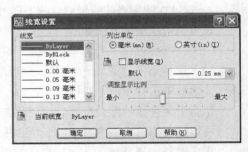

默认情况下 AutoCAD 当前线宽设置为 ByLayer，也可以设置当前线宽为 ByBlock 或默认值。线宽默认值通过"线宽设置"对话框设置，如图 3-5 所示。

如果屏幕显示不能反映线宽设置效果，可单击状态行"线宽"按钮打开线宽显示。打开线宽显示会降低系统显示响应速度，因此该按钮默认情况下是关闭的。"线宽"显示按钮不影响图形打印。

图 3-5 "线宽设置"对话框

3.5 使用图层

任何图形对象都是绘制在图层上的，就如同现实世界中任何文字、图形都是书写或绘制在纸张等特定物理介质上一样。该图层可能是默认图层（0 层），或者是用户自己创建和命名的图层。每个图层都有与其相关联的颜色、线型、线宽等特性。例如，可以创建一个用于绘制中心线的图层，并为该图层指定中心线需具备的特性（包括颜色、线型、线宽等）。在绘制中心线时切换到中心线图层开始绘图，而无需在每次绘制中心线时去设置线型、颜色、线宽等特性，如前所述，实现该功能的前提条件是当前颜色、线型、线宽设置均为 ByLayer（随层）。

默认情况下，所有图线都是绘制在 0 层上。0 层是所有 AutoCAD 图形文件都具有的层，由 AutoCAD 自行创建，不能删除。

3.5.1　图层管理

可以选择菜单"格式→图层"，执行 Layer 命令，通过"图层特性管理器"对图层进行下列操作，如图 3-6 所示。

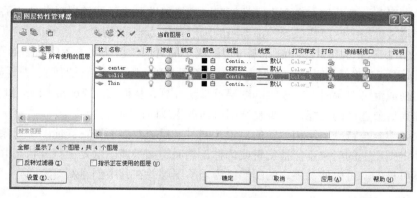

图 3-6　图层特性管理器

1．创建和命名图层

在"图层特性管理器"中图层列表区域单击鼠标右键，在弹出的快捷菜单中选择"新建图层"，创建新图层，并改变图层的名称。如果在创建图层前选择了一个图层，新图层将继承该图层所有特性，此时应注意及时修改新图层特性。

2．使图层成为当前图层

在选定的图层上单击右键，在弹出的快捷菜单中选择"置为当前"，设置该层为当前层。使用绘图菜单中的命令创建的新图形实体均绘制在当前图层上。

使指定图层成为当前图层的另一种方法是在特性窗口"图层"标签旁下拉列表框中选择相应图层。

3．控制图层的可见性

关闭或冻结图层上的图线都是不可见的，但是当图形重生成（执行命令"视图→全部重生成"或其他需要重生成图形的命令）时，关闭图层上的图线参与运算，而冻结图层上的图线则不参与运算，这样做可以提高复杂图形的处理速度。

4．锁定和解锁图层

当图层被锁定时，该图层上图线可见，但不能被编辑，可有效保护图形中已经完成，且不能更改的部分。

5．指定图层颜色

可以为图层指定颜色。如果图层上的图线颜色被指定为 ByLayer（随层），则图线的颜色将由其所在图层的颜色决定。

6．指定图层线型

可以为图层指定线型。如果图层上的图线线型被指定为 ByLayer（随层），则图线的线型将由其所在图层的线型决定。

7．指定图层线宽

可以为图层指定线宽。如果图层上的图线线宽被指定为 ByLayer（随层），则图线的线宽将由其所在图层的线宽决定。

8. 使用图层注意事项

（1）默认情况下，使用"绘图"菜单中命令创建的所有图形对象的颜色、线型、线宽都是 ByLayer（随层）。

（2）绘图操作总是在当前图层上进行的。将某个图层设置为当前图层后，则后面使用绘图菜单中命令创建的新对象都将在该图层上面，并使用它的颜色、线型、线宽（前提条件是所有对象特性设置是"随层"）。部分编辑命令生成的新图形元素特性取决于被编辑对象的相关特性。

（3）不能将被冻结的图层或依赖外部参照的图层设置为当前图层。

（4）AutoCAD 不显示和打印绘制在不可见图层上的对象。但关闭的图层与图形一起重生成。

（5）在图形中，被冻结或关闭的图层上对象是不可见的。可以冻结长时间不需要显示的图层。在重生成、消隐或渲染对象时，被冻结的图层不重新计算，从而加速 Zoom、Pan 和 VPoint 等命令的执行，提高对象选择的性能，减少复杂图形的重生成时间。

（6）如果要编辑与特殊图层相关联的对象，同时又想查看但不编辑其他图层对象，那么可以锁定图层。锁定图层上的对象不能被编辑或选择，然而，如果该图层处于打开状态并被解冻，上面的对象仍是可见的。可以使被锁定的图层成为当前图层并在其中创建新对象。

3.5.2　使用图层特性

在 AutoCAD 中，新对象的默认特性设置是"随层"的颜色、线型、线宽。以"随层"设置绘制的对象都将采用所在图层的特性。例如，如果当前层的颜色为绿色、线型为 Continuous（连续），所有新绘制的对象都具有这些特性。将颜色、线型等特性设置为"随层"可以把图形组织得井井有条。

如果要使特定的对象具有与其所在的图层不同的颜色、线型，可以修改对象特性设置。一个对象特性可以被设置为特定的特性值（如颜色为红色）。对象专有的特性设置将替代图层特性设置。

3.5.3　设置对象默认特性

默认情况下，使用"绘图"菜单中的命令创建的图线均位于当前层，它们的颜色、线型、线宽等特性都具有随层（ByLayer）的特性，意味着这些图线所表现出的颜色、线型、线宽等均取决于其所在的图层。可以使用 Color、LineType、LineWeight 命令改变这些默认特性为其他值，但更快捷的方式是使用特性窗口随时改变这些特性默认值，包括切换当前图层。使用特性窗口设置图线特性的方法是在特性窗口相关特性名称右侧的下拉列表框中选择一种属性值，参见图 3-1。值得注意的是，改变对象特性默认值时，不能选择图形中的任何对象。

可以通过"特性"窗口修改已有图线特性，方法是先选择欲改变特性的图线，然后在特性窗口中改变相应的属性值。该方法在工程设计时应用较为普遍。

打开特性窗口的方法是执行"修改→特性"命令，或执行"工具→选项板→特性"命令或按快捷键"Ctrl+1"。

练　习　3

1. 打开第 1 章、第 2 章相关练习保存的文件，创建图层，并为图层设置不同的颜色、线型、线宽，通过特性窗口修改已有图线特性，使其具有与相关参考图形相同的效果。

2. 使用适当样板文件创建新图形文件，绘制图 3-7～图 3-13 所示各平面图形，使用图层控制图线线型、线宽、颜色等特性。尺寸标注暂不作要求。

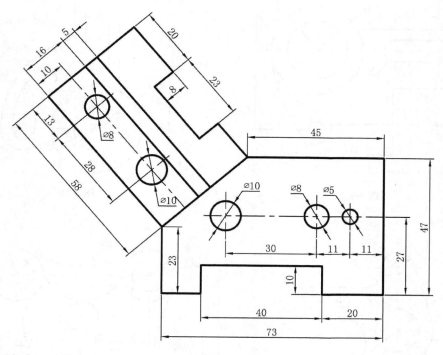

图 3-7

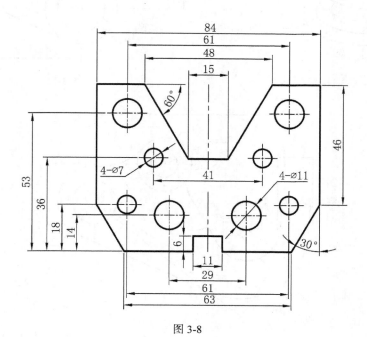

图 3-8

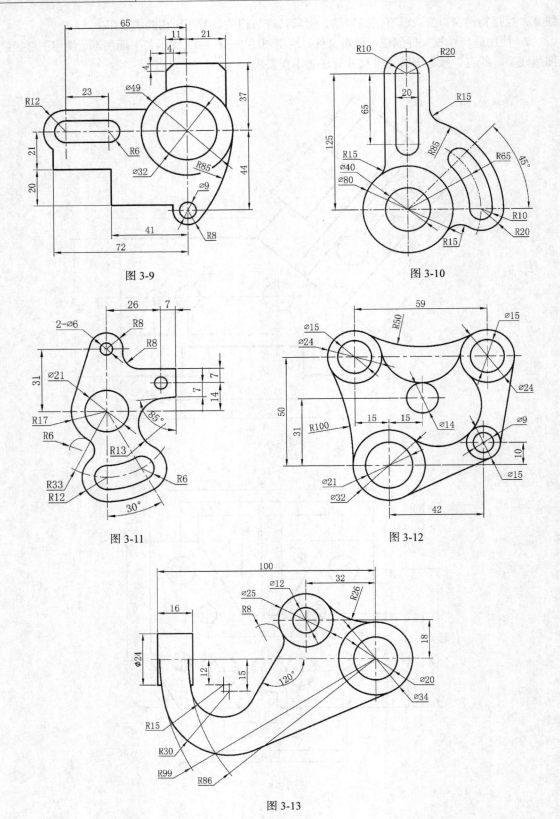

图 3-9

图 3-10

图 3-11

图 3-12

图 3-13

第4章
AutoCAD 图形复用

在工程图样中，存在大量相同或类似的图形，如机械工程图样中的表面粗糙度、形位公差符号，电气工程图样中的电阻、电容、继电器等元器件的符号。这些符号都是相同的或类似的。显然，当一幅图样中多次用到这些符号时，不应该重复绘制它们，因为这样做不仅降低了工作效率，还会使设计人员感到厌烦。为此，AutoCAD 提供了多种类型的图形复用命令，包括 Windows 剪贴板操作、复制、镜像、阵列、偏移、旋转复制、缩放复制等。上述命令的共同特点是，操作生成的图线均作为单独对象处理，会显著增加文件的长度，占用更多的存储空间和内存，且不利于同类图形统一管理。因此，AutoCAD 将相同或相似的图形定义成图块，放置在图形数据库中的专门字段，当引用图块时，只需指定插入位置、旋转角度、x、y、z 三个方向的比例系数，就好像 C 程序引用定义好的函数一样，能有效地提高绘图效率，减小图形文件长度。

4.1　使用 Windows 剪贴板功能实现图形复用

1. 使用 Windows 剪贴板功能实现图形复用的操作过程

可使用 Windows 剪贴板功能实现不同文件间部分或全部图形复制，其一般操作过程如下。

（1）打开被复制图形对象所在的图形文件。

（2）选择菜单"编辑→复制"或按快捷键 Ctrl+C，执行 CopyClip 命令，AuotCAD 命令行提示"选择对象"，使用 AutoCAD 提供的构造选择集方法选择欲复制的对象后，回车。

或者先选择欲复制的图形对象，然后选择菜单"编辑→复制"或按快捷键 Ctrl+C，执行 CopyClip 命令，此时 AutoCAD 直接将已选择图形对象复制到剪贴板，不再提示选择对象。

（3）打开或切换到目标文件，根据实际情况按下述方法之一将剪贴板内容粘贴到目标文件中。

① 按快捷键 Ctrl+V 或选择菜单"编辑→粘贴"，执行 PasteClip 命令，将剪贴板内容粘贴到目标文件指定位置，AutoCAD 提示"指定插入点"。AutoCAD 将剪贴板中所有图形对象形成的矩形区域的左下角点作为插入基点。粘贴生成的每一个图形对象被作为独立图元处理。

② 按快捷键 Ctrl+Shift+V，或选择菜单"编辑→粘贴为块"，执行 PasteBlock 命令，将剪贴板内容作为图块插入到当前图形。AutoCAD 将剪贴板中所有图形对象形成的矩形区域的左下角点作为插入基点。剪贴板中所有图形对象被作为单一图形（图块）处理。

③ 选择菜单"编辑→粘贴到原坐标"，执行 PasteOrig 命令，将剪贴板中图线按其在原文件中的坐标粘贴在当前图形中相应位置上。

④ 选择菜单"编辑→选择性粘贴"，将剪贴板内容作为 Windows 图元、位图或 AutoCAD 图

元粘贴到当前图形中。

2. 其他图形复用方法及注意事项

（1）可以执行带基点的复制与粘贴，从而提高剪贴板操作的准确性与快速性。选择菜单"编辑→带基点复制"，执行 CopyBase 命令，可以将源文件中图形对象按指定基点复制到剪贴板中，粘贴时 AutoCAD 将该指定基点作为插入基点。

（2）AutoCAD 允许将当前图形文件中图形元素复制到剪贴板，然后粘贴到当前图形适当位置中，但此时更简洁的方法是使用 Copy（"修改→复制"）命令进行复制。

（3）实现不同文件间图形复用的第 2 种方法是使用文件操作功能，打开复用图形所在文件，选择菜单"文件→另存为"，执行 Saveas 命令，将文件换名存盘，再进行编辑修改。

（4）实现不同文件间图形复用的第 3 种方法是使用样板文件。可以定义所有文档共有信息（如图纸幅面、图框、标题栏、文字样式、标注样式等），然后保存为样板文件（参见 2.4 节）。创建新文件时使用该样板文件为模板，样板文件中所有信息被保留，并可以根据需要进行编辑，可有效提高绘图效率。

（5）上述各种图形复用方法适用于同一图形中或多幅图形中只有部分图线相同或相似的情况。如果图形中存在大量相同或类似图形符号（如电气图样中的电阻、电容、继电器等），使用上述方法会使操作过程变得繁琐，且会显著增加文件长度。使用图块可以解决这个问题。

4.2　图块的定义与使用

4.2.1　定义图块

定义图块使用 Block 命令。

下面的过程定义一个图块表示电气工程图样中的电阻符号，并插入到当前图形中。

（1）以 Acadiso.dwt 为样板创建一个新的 AutoCAD 图形文档。

（2）选择菜单"绘图→矩形"，执行 Rectang 命令绘制一个 5×1.5 的矩形。

```
命令: _rectang
指定第一个角点或
[倒角(C)/标高(E)/圆角(F)/厚度(T)/宽度(W)]: 用鼠标左键在屏幕任意位置指定一点
指定另一个角点或
[面积(A)/尺寸(D)/旋转(R)]: 输入 5,1.5 后回车（"DYN"按钮关闭时应加输前缀"@"）
```

绘制出的矩形非常小，将光标移到矩形处，向上滚动鼠标滚轮，直到矩形以适当大小显示在屏幕上。

（3）打开正交和对象捕捉，确定"中点"捕捉模式处于打开状态。选择菜单"绘图→直线"，执行 Line 命令，绘制矩形两端的引线。

```
命令: _line
指定第一点: 捕捉矩形左侧边的中点
指定下一点或[放弃(U)]: 光标左移，橡皮筋线显示为水平向左时，输入 2.5 后回车
指定下一点或[放弃(U)]: 回车，结束命令

命令: 回车，重复执行画直线命令
LINE
```

指定第一点：捕捉矩形右侧边的中点

指定下一点或[放弃(U)]：光标右移，橡皮筋线显示为水平向右时，输入 2.5 后回车

指定下一点或[放弃(U)]：回车，结束命令

（4）选择菜单"绘图→块→创建"，执行 Block 命令，AutoCAD 弹出"块定义"对话框，如图 4-1 所示。在"块定义"对话框中执行如下操作。

图 4-1　"块定义"对话框

① 在"名称"标签下方的编辑框中输入块的名称为"Resistor"。

② 单击"基点"标签下"拾取点"左侧的按钮，对话框消失，捕捉电阻图线左引线的左端点作为该图块基点。

③ 单击"对象"标签下"选择对象"左侧的按钮，对话框消失，选择电阻符号中的矩形和两个引线后回车。

图块定义完成时，AutoCAD 对用于定义图块的图形对象有三种处理方式，分别是保留、转换为块和删除。用户可根据实际决定。本例选择"删除"。

观察"块定义"对话框中的其他选项，注意到该图块的默认单位为毫米。

④ 单击"确定"按钮，完成图块定义。

可以看到，先前画好的表示电阻符号的矩形和引线被删除。但此时，在当前图形数据库的特定字段定义有一个名为"Resistor"的图块。

4.2.2　插入图块

继续上节内容。

1. 插入图块的操作方法

选择菜单"插入→块"，执行 Insert 命令，在当前图形中插入已定义的名为"Resistor"的图块，AutoCAD 弹出"插入"对话框，如图 4-2 所示。在"插入"对话框中进行如下操作。

（1）在"名称"下拉列表框中选择"Resistor"。

（2）插入点设置为"在屏幕上指定"。

（3）保持不选择"比例"标签下的"在屏幕上指定"选项，使用默认的 x、y、z 三个方向的比例均为 1。

（4）保持不选择"旋转"标签下的"在屏幕上指定"选项，使用默认旋转角度为 0°。

（5）单击"确定"按钮，在图形中适当位置单击左键，将电阻图块插入到当前图形中。

以 schematic.dwg 为名称保存当前图形文件。

2. 插入图块注意事项

（1）选择插入的电阻图块，可以看到，系统只在图块的插入点处显示界标（对于该电阻图块而言，界标位于左引线的左端点），这表明系统将图块作为一个整体看待。

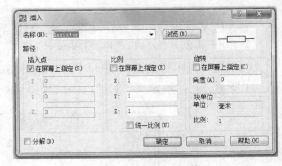

图 4-2　"插入"对话框

（2）图块的插入点使用对象捕捉模式的"插入点"功能捕捉。

（3）可以在同一个图形文件中插入无数个同名图块。

4.2.3　设置图形基点

可以将磁盘中的 AutoCAD 图形文档（或其他 AutoCAD 兼容的文档）作为块，整体插入到当前图形中，方法是单击"插入"对话框（见图 4-2）中的"浏览"按钮，在弹出的"选择图形文件"对话框中选择相应的图形文件。默认情况下，当将外部图形文件作为块插入到当前图形文件中时，AutoCAD 在当前文件中创建一个与外部文件同名的图块。可在选择好外部图形文件后，在"插入"对话框"名称"下拉列表框中改变默认图块名称。

下面的过程创建一个名为 Cap.dwg 的文件，并将它作为块插入到 schematic.dwg 文件中。

（1）选择菜单"文件→新建"，执行 New 命令，以 Acadiso.dwt 为样板创建一个新图形文档。

（2）打开正交功能，选择菜单"绘图→直线"，执行 Line 命令，绘制表示电容极板的竖线。

```
命令:_line
指定第一点：在绘图区适当位置指定一点
指定下一点或[放弃(U)]：打开正交功能，移动光标，当橡皮筋线显示为竖直线时，输入 5，回车
指定下一点或[放弃(U)]：回车，结束命令
```

（3）选择菜单"修改→偏移"，执行 Offset 命令，生成表示电容极板的另一条直线。

```
命令: _offset
当前设置：删除源=否 图层=源　OFFSETGAPTYPE=0
指定偏移距离或[通过(T)/删除(E)/图层(L)]<通过>：　输入 1，回车
选择要偏移的对象，或[退出(E)/放弃(U)]<退出>：选择刚刚绘制好的竖直线
指定要偏移的那一侧上的点，或[退出(E)/多个(M)/放弃(U)]<退出>：在竖直线任意一侧指定一点
选择要偏移的对象，或[退出(E)/放弃(U)]<退出>：回车，结束命令
```

（4）打开正交和对象捕捉，确定"中点"捕捉模式处于打开状态。选择菜单"绘图→直线"，执行 Line 命令，绘制极板两端的引线。

```
命令:_line
指定第一点：捕捉左侧极板的中点
指定下一点或[放弃(U)]：光标左移，橡皮筋线显示为向左水平线后输入 4.5，回车
指定下一点或[放弃(U)]：回车，结束命令

命令：回车，重复执行画直线命令
LINE
指定第一点：捕捉右侧极板的中点
指定下一点或[放弃(U)]：光标右移，橡皮筋线显示为向右水平线后输入 4.5，回车
```

指定下一点或[放弃(U)]：回车，结束命令

（5）以 Cap.dwg 为名保存文件并关闭该文件。

（6）返回 schematic.dwg 文件，选择菜单"插入→块"，执行 Insert 命令。在"插入"对话框中单击"浏览"按钮，选择名为 Cap.dwg 的文件，可以看到，"插入"对话框中"名称"下拉列表框中显示默认的图块名称为"Cap"，可以改变这个名称。

不改变"插入"对话框的任何选项，单击"确定"按钮，对话框消失，捕捉电阻图块右引线的右端点，完成电容图块的插入操作。

（7）可以看到，屏幕上并没有出现我们期望的结果（电阻引线与电容引线相连），甚至在屏幕上都看不到电容符号。选择菜单"视图→缩放→全部"，可以看到，电阻与电容符号相隔很远，这是因为，当将外部图形文件作为图块插入到当前图形文件中时，AutoCAD 将外部文件基点作为插入参照点。默认情况下，AutoCAD 图形文件的基点为坐标原点。可以使用基点（Base）命令改变文件基点设置。

（8）删除刚才插入的电容图块。

（9）重新打开 Cap.dwg 文件，选择"绘图→块→基点"，执行 Base 命令。

命令：'_base 输入基点 <0.0000,0.0000,0.0000>：捕捉电容左引线的左端点

保存并关闭 Cap.dwg 文件。

（10）返回 schematic.dwg 文件，选择菜单"插入→块"，执行 Insert 命令。在"插入"对话框中单击"浏览"按钮，选择名为 Cap.dwg 的文件，单击"确定"按钮，AutoCAD 提示"已定义 cap。是否更新定义和块参照？"，单击"是"按钮，对话框消失，捕捉电阻图块的右引线右端点放置 Cap 图块，结果如图 4-3 所示，这才是我们期望的结果。

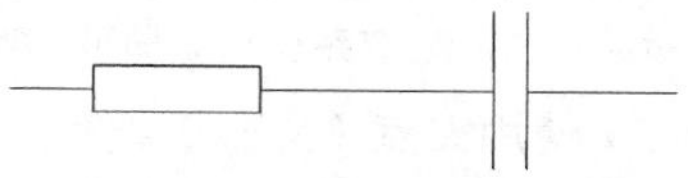

按 Ctrl+S 组合键保存文件。

图 4-3　插入块操作后生成的电阻与电容图形

　　一个图块中可以包含其他图块，但不可以包含其自身，即名为 A 的图块中不能引用名为 A 的图块。

在一个名为 A 的图形文件中可以定义名为 A 的图块。但当我们将这样的文件作为图块插入其他图形时，默认情况下就会出现"图块 A 引用图块 A"的错误，这时应在"插入"对话框中改变默认的图块名称。

4.2.4　图块中的单位制

默认设置下图块是有单位的。在公制模式下（使用 Acadiso.dwt 为样板创建的文件）图块的默认单位为 mm（毫米），在英制模式下（使用 Acad.dwt 为样板创建的文件）图块的默认单位为 inch（英寸）。当我们将英制模式图形文件作为块插入到公制模式图形文件时，AutoCAD 自动进行单位转换，即将英制图形文件中的 1 个长度单位（1 英寸）转化为公制图形文件中的 25.4 个图形单位（25.4 mm）。

下面的操作验证上述结论。

（1）选择菜单"文件→新建"，执行 New 命令，以 Acad.dwt 为样板创建一个新图形文件。注意：该图形用于缩放插入图形的单位为英寸，可以通过选择菜单"格式→单位"，执行 Units 命令查看。

（2）选择菜单"绘图→圆→圆心，半径"，执行 Circle 命令，绘制一个半径为 0.625 的圆。

命令: _circle
指定圆的圆心或[三点(3P)/两点(2P)/相切、相切、半径(T)]: 用鼠标左键在屏幕适当位置指定一点作为圆心
指定圆的半径或[直径(D)]: 输入 0.625，回车

（3）将光标移到圆处，滚动鼠标滚轮将圆缩放到适当大小，打开正交功能，选择菜单"修改→复制"，执行 Copy 命令。

命令: _copy
选择对象: 选择上一步绘制的圆
选择对象: 回车，结束选择
当前设置: 复制模式 = 多个
指定基点或[位移(D)/模式(O)] <位移>: 在屏幕任意位置指定一点
指定第二个点或 <使用第一个点作为位移>: 光标右移，使橡皮筋线水平向右，输入 1.25，回车
指定第二个点或[退出(E)/放弃(U)] <退出>: 保持橡皮筋线水平向右，输入 2.5，回车
指定第二个点或[退出(E)/放弃(U)] <退出>: 保持橡皮筋线水平向右，输入 3.75，回车
指定第二个点或[退出(E)/放弃(U)] <退出>: 回车，结束命令

现在我们得到 4 个沿水平方向依次相切的圆，如图 4-4（a）所示。

（4）打开对象捕捉功能，确信"圆心"捕捉方法打开。选择菜单"绘图→直线"，执行 Line 命令，绘制一条直线。

命令: _line
指定第一点: 捕捉最左边圆的圆心
指定下一点或[放弃(U)]: 捕捉最右边圆的圆心
指定下一点或[放弃(U)]: 回车，结束命令

（5）使用夹点（界标）编辑方式改变直线端点位置。选择直线，直线端点和中点处出现蓝色界标。打开正交功能，单击直线左端点界标，使其变为红色，向左移动光标，输入 3.125 后回车，直线左端点左移 3.125 个单位。选择直线右端点，将其向右移动 3.125 个单位，如图 4-4（b）所示。

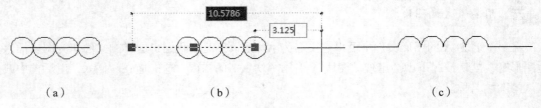

（a）　　　　　　　　　　　　（b）　　　　　　　　　　　　（c）

图 4-4　绘制电感符号

（6）选择菜单"修改→修剪"，执行 Trim 命令，将图形编辑成图 4-4（c）所示结果。

（7）选择"绘图→块→基点"，执行 Base 命令。

命令: _base
输入基点 <0.0000,0.0000,0.0000>: 捕捉电感符号左边直线的左端点

（8）以 Coil.dwg 为名保存该图形并关闭。

（9）返回 schematic.dwg 文件，选择菜单"插入→块"，执行 Insert 命令。在"插入"对话框中单击"浏览"按钮，选择名为 Coil.dwg 的文件，单击"确定"按钮，对话框消失，捕捉电容图块的右引线右端点放置 Coil 图块，结果如图 4-5 所示，可以看到，Coil 图块比我们想象的放大了25.4 倍。

图 4-5 将英制模式图形文件插入公制模式图形文件的效果

为了正确绘制图形，应注意当前文件的单位设置。在上例电感符号绘制时选择了英制图形样板文件 Acad.dwt，正确的画法应按英制尺寸绘制，圆弧的半径应该为 0.0246（即 0.625/25.4）。

4.2.5 将块保存为文件

由于在许多图形文件中都会用到相同的图形符号，如大多数电气图样中都会用到电阻、继电器等符号，可以将当前图形中创建的通用图块，或当前图形的部分，或当前图形的全部保存为图形文件，便于其他图形引用。其方法之一是执行 WBlock 命令（注意：在 AutoCAD 菜单中没有列出这个命令），在弹出的"写块"对话框中执行相应的操作，如图 4-6 所示。

图 4-6 "写块"对话框

利用写块命令 WBlock 可以将当前图形中已定义的图块、整个图形或图形中的部分对象写入一个文件。

4.2.6 使用外部参照

可以选择菜单"插入→DWG 参照"，执行 XAttach 命令，将外部 AutoCAD 图形文件作为参照插入到当前图形文件中。但作为外部参照的图形并不作为当前图形文件的一部分，而是仅仅显示在当前文件中便于用户作图参考。当外部参照图形发生变化时，执行"插入→外部参照"命令，可以更新外部参照。

4.3 属性的概念与定义

在工程图样中，表示电阻、电容等元件的图形符号上一般应标注标号、型号等文字信息，此时，这些不同的电阻、电容的符号是有区别的。为了显示这些不同的文字信息，又能使用图块简化作图，可以在图块中使用属性。

所谓属性，就是物体所具有的可以用文字描述的信息，比如自然人的身份证号码、住址等信息。

可以在图块中定义属性。当插入定义有属性的图块时，就必须为该图块指定相应的属性值，由此可以得到具有不同属性值的同一类型图形符号，如电阻、电容等，就好像一个新生儿报户口时公安部门必须赋予身份证号码一样。

可以为同一图块定义多个不同的属性，就好像一个自然人的属性不只有身份证号码，还可以有籍贯、住址、学历等属性一样。

属性定义在图块内部，在定义块之前，应首先定义属性，然后将属性作为块的组成部分一同定义为块。

下面通过定义一个具有属性的电阻图块说明属性的使用。

（1）选择菜单"文件→新建"，执行 New 命令，以 Acadiso.dwt 为样板创建一个新图形文件。

（2）按 4.2 节讲述的方法绘制一个矩形和两根短线表示电阻（注意：仅仅一个矩形和两根短线，而不是图块）。

（3）选择菜单"绘图→块→定义属性"，执行 AttDef 命令，弹出"属性定义"对话框，如图 4-7 所示。

"属性定义"对话框各选项说明如下。

● "模式"选项组。在图形中插入块时，设置与块关联的属性值选项。

不可见：插入块时不显示或打印属性值。比如，我们在大街上碰到的每个人都有身份证号码，但却是不可见的。正在执勤的警察胸前挂有警号，因此他的警号属性就是可见的。

固定：在插入块时赋予属性固定值。

验证：插入块时提示验证属性值是否正确。

预置：插入包含预置属性值的块时，将属性设置为默认值。

锁定位置：锁定块参照中属性的位置。选择图块时，锁定位置的属性文字插入点处不显示界标，而解除锁定位置的属性文字插入点处会显示界标，用户可以通过该界标改变属性位置，并且可以调整多行属性的大小。

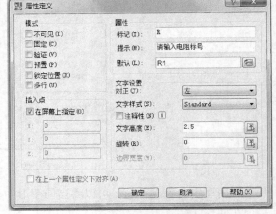

图 4-7　"属性定义"对话框

多行：指定属性值可以包含多行文字。选定此选项后，可以指定属性的边界宽度。

● "属性"选项组。

标记：标识图块中定义的属性。使用任何字符组合（空格除外）输入属性标记。小写字母会自动转换为大写字母。

提示：指定在插入包含该属性定义的块时显示的提示。如果不输入提示，属性标记将用作提示。如果在"模式"选项组选择"固定"模式，"属性提示"选项将不可用。

默认：指定默认属性值。

● "插入点"选项组。用来指定属性位置。输入坐标值或者选择"在屏幕上指定"，并使用定点设备根据与属性关联的对象指定属性的位置。

在屏幕上指定：关闭对话框后将显示"起点"提示。使用定点设备相对于要与属性关联的对象指定属性的位置。

X：指定属性插入点的 X 坐标。

Y：指定属性插入点的 Y 坐标。

Z：指定属性插入点的 Z 坐标。

● "文字设置"选项组。设置属性文字的对正、样式、高度和旋转角度。

对正：指定属性文字的对正方式。关于对正选项的说明，请参见单行文字命令。

文字样式：指定属性文字的预定义样式。显示当前加载的文字样式。要加载或创建文字样式，需执行 Style 命令。

注释性：指定属性为 annotative。如果块是注释性的，则属性将与块的方向相匹配。

文字高度：指定属性文字的高度。输入值，或选择"高度"用定点设备指定高度。此高度为从原点到指定的位置的测量值。如果选择有固定高度（任何非 0.0 值）的文字样式，或者在"对正"列表中选择了"对齐"，则"文字高度"选项不可用。

旋转：指定属性文字的旋转角度。输入值，或选择"旋转"用定点设备指定旋转角度。此旋转角度为从原点到指定的位置的测量值。如果在"对正"列表中选择了"对齐"或"调整"，则"旋转"选项不可用。

边界宽度：指定多行属性中文字行的最大宽度。值 0.000 表示对文字行的长度没有限制。此选项不适用于单行属性。

● "在上一个属性定义下对齐"复选框：将属性标记直接置于定义的上一个属性的下面。如果之前没有创建属性定义，则此选项不可用。

按图 4-7 设置"属性定义"对话框如下。

① 取消"锁定位置"前的复选框。

② 在"标记"标签旁的编辑框中输入"R"字样。

③ 在"提示"标签旁的编辑框中输入"请输入电阻标号"字样。

④ 在"默认"标签旁的编辑框中输入"R1"字样。

（4）单击"属性定义"对话框中的"确定"按钮，在电阻符号矩形的下方适当位置指定一点，完成第一个属性定义，如图 4-8（a）中标记"R"所示。

采用同样的方法定义第二个属性，该属性用于指定电阻阻值的大小。在"属性定义"对话框中做如下设定。

① 在"标记"标签旁的编辑框中输入"1k"字样。

② 在"提示"标签旁的编辑框中输入"请输入电阻标称值"字样。

③ 在"默认"标签旁的编辑框中输入"1k"字样。

④ 其余选项均采用默认值。

单击"确定"按钮，将该属性放在电阻符号矩形的上方，如图 4-8（a）中标记"1k"所示。

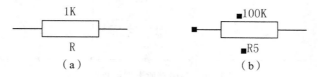

图 4-8　定义电阻符号的属性

（5）选择菜单"绘图→块→创建"，执行 Block 命令。在弹出的"块定义"对话框中设置块名称为"Resistor"，指定电阻左引线左端点作为基点，选择矩形、两根引线以及 2 个属性作为块的组成部分。

（6）完成块定义后，选择菜单"插入→块"，执行 Insert 命令，在"插入"对话框中选择 Resistor 图块，单击"确定"按钮，按下述命令行提示响应系统提示。

```
命令：insert
指定插入点或[基点(B)/比例(S)/X/Y/Z/旋转(R)]：指定图块插入点
输入属性值
请输入电阻标号 <R1>：输入电阻标号属性值，如 R5
请输入电阻标称值 <1k>：输入电阻阻值属性值，如 100k
```

结果如图 4-8（b）所示。

用鼠标选择电阻图块，可以看到，不仅在图块插入点处显示界标，在属性值位置处也显示了界标，如图 4-8（b）所示。这表明，不仅可以通过界标改变图块插入位置，还可以通过界标改变图块中属性的位置。这是因为我们在定义属性时取消了"锁定位置"选项的缘故。

当将含有属性定义的外部文件作为图块插入到当前文件时，AutoCAD 同样提示用户输入属性值。

4.4　图块与属性应用实例

本节使用带有属性的块，结合 AutoCAD 捕捉、栅格功能，快速绘制图 4-9 所示的三极管放大器原理图。

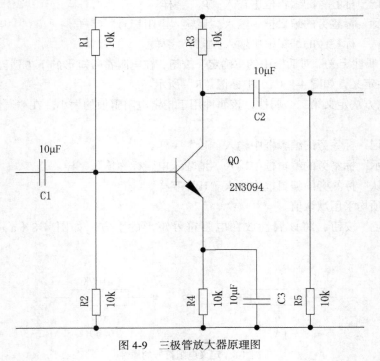

图 4-9　三极管放大器原理图

在下面的操作中，保证了电阻、电容等元件符号引线端点 X 间距和 Y 间距为 5 的整数倍图形单位。

（1）以 Acadiso.dwg 为样板创建名为 Resistor.dwg 的图形文件，参照前面两节相关内容绘制电阻符号，定义电阻标号属性和电阻标称值属性，设置属性字高为 1.5，并将文件基点设置在电阻引线端点，如图 4-10（a）所示，图中"R"、"1K"字样为属性标记。注意：定义属性时，不要选择"锁定位置"选项。

绘制完成后保存并关闭 Resistor.dwg 文件。

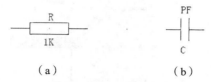

（a）　　　　　　　　　　　　（b）

图 4-10　绘制电阻与电容符号

（2）以 Acadiso.dwg 为样板创建名为 Cap.dwg 的图形文件，参照前面两节相关内容绘制电容符号，定义电容标号属性和电容标称值属性，设置属性字高为 1.5，并将文件基点设置在电容引线端点，如图 4-10（b）所示，图中"C"、"PF"字样为属性标记。注意：定义属性时，同样不要选择"锁定位置"选项。

绘制完成后保存并关闭 Cap .dwg 文件。

（3）按下述过程绘制三极管符号。

① 选择菜单"文件→新建"，以 Acadiso.dwg 为样板创建新图形文件，以 Transistor.dwg 为名保存该文件。

② 在状态行"捕捉"或"栅格"按钮上单击右键，在快捷菜单中选择"设置"，AutoCAD 弹出"草图设置"对话框，如图 4-11 所示。

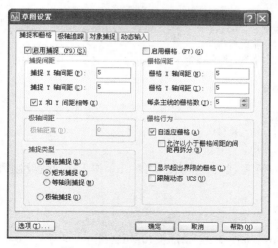

图 4-11　"草图设置" 对话框

在"草图设置"对话框中，设置"捕捉 x 轴间距"为 5，"栅格 x 轴间距"为 5，单击"确定"按钮退出"草图设置"对话框，AutoCAD 自动改变"捕捉 y 轴间距"和"栅格 y 轴间距"与 x 轴间距相同。

③ 单击状态行"捕捉"按钮，打开捕捉功能，移动光标，可以发现光标呈现跳跃状移动，只能落在坐标值为 5 的整数倍点上。

单击状态行"栅格"按钮，打开栅格显示功能。屏幕上显示栅格点，如图 4-12 所示。

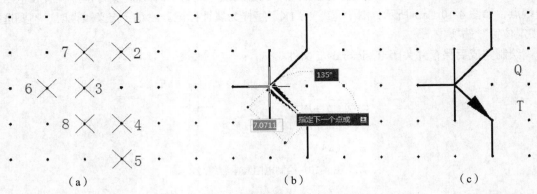

图 4-12　利用捕捉和栅格功能绘制三极管

④ 关闭正交功能和对象捕捉功能，选择菜单"绘图→直线"，参考图 4-12（a）按下述过程绘制直线。

```
命令：_line
指定第一点：指定栅格点 1
指定下一点或[放弃(U)]：指定栅格点 2
指定下一点或[放弃(U)]：指定栅格点 3
指定下一点或[闭合(C)/放弃(U)]：指定栅格点 4
指定下一点或[闭合(C)/放弃(U)]：指定栅格点 5
指定下一点或[闭合(C)/放弃(U)]：回车，结束命令

命令：回车，重复直线命令
LINE
指定第一点：指定栅格点 4
指定下一点或[放弃(U)]：指定栅格点 6
指定下一点或[放弃(U)]：回车，结束命令

命令：回车，重复直线命令
LINE
指定第一点：指定栅格点 7
指定下一点或[放弃(U)]：指定栅格点 8
指定下一点或[放弃(U)]：回车，结束命令
```

⑤ 选择菜单"绘图→多段线"，参考图 4-12（b）按下述过程绘制箭头。

```
命令：_pline
指定起点：指定栅格点 7
当前线宽为 0.0000
指定下一个点或[圆弧(A)/半宽(H)/长度(L)/放弃(U)/宽度(W)]：输入 w，回车
指定起点宽度 <0.0000>：回车
指定端点宽度 <0.0000>：输入 1.5，回车
指定下一个点或[圆弧(A)/半宽(H)/长度(L)/放弃(U)/宽度(W)]：将光标移到栅格点 3，输入 4，回车
指定下一点或[圆弧(A)/闭合(C)/半宽(H)/长度(L)/放弃(U)/宽度(W)]：回车，结束命令
```

⑥ 按下述过程定义 2 个属性，分别表示三极管编号和规格型号。

选择菜单"绘图→块→定义属性"，按下述设置定义三极管编号属性。

a. 取消"锁定位置"前的复选框。

b. 在"标记"标签旁的编辑框中输入"Q"字样。

c. 在"提示"标签旁的编辑框中输入"请输入元件标号"字样。

d. 在"默认"标签旁的编辑框中输入"Q0"字样。

e. 设置属性文字高度为 1.5。

关闭捕捉功能将该属性放置在图 4-12（c）所示位置。

回车，重新执行定义属性命令，按下述设置定义三极管规格型号属性。

a. 取消"锁定位置"前的复选框。

b. 在"标记"标签旁的编辑框中输入"T"字样。

c. 在"提示"标签旁的编辑框中输入"请输入元件规格型号"字样。

d. 在"默认"标签旁的编辑框中输入"2N3094"字样。

e. 设置属性文字高度为 1.5。

将该属性放置在图 4-12（c）所示位置。

⑦ 选择菜单"绘图→块→基点"，执行 Base 命令，设置图形基点为基极引线左端点。

命令：'_base
输入基点 <0.0000,0.0000,0.0000>：捕捉三极管基极引线左端点

⑧ 选择菜单"文件→保存"或按 Ctrl +S 组合键保存文件。

（4）以 Acadiso.dwg 为样板创建一个新图形文件，保存文件名称为 Amplify.dwg。

（5）选择菜单"格式→图层"，执行 Layer 命令，在图层特性管理器中创建名为"Component"、"Junction"、"Pad"、"Route"、"Wire"的 5 个图层，如图 4-13 所示。

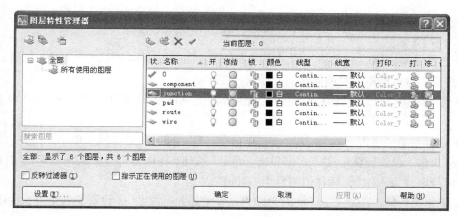

图 4-13　创建 5 个图层

（6）在状态行"捕捉"或"栅格"按钮上单击，在快捷菜单中选择"设置"，AutoCAD 弹出"草图设置"对话框。在"草图设置"对话框中，设置"捕捉 X 间距"为 5，"栅格 x 轴间距"为 5，单击"确定"按钮退出"草图设置"对话框。

单击状态行按钮"捕捉"和"栅格"，打开捕捉功能和栅格显示。

选择菜单"视图→缩放→全部"。

关闭"对象捕捉"和"正交"功能。

（7）通过"特性"窗口或"图层特性管理器"设置"Component"层为当前层。

（8）选择菜单"插入→块"，执行 Insert 命令。在"插入"对话框中单击"浏览"按钮，选择 Transistor.dwg 文件，最后单击"确定"按钮，将三极管符号插入到图中适当位置，输入三极管标号属性为"Q0"，型号属性为"2N3094"。可以看到，三极管 3 条引线的端点均位于栅格点上。

（9）回车，重新执行插入图块命令。在"插入"对话框中单击"浏览"按钮，选择 Resistor.dwg 文件，设置旋转角度为 90°，最后单击"确定"按钮，将第一个电阻符号插入到三极管符号的左上角位置，如图 4-14 所示，输入电阻标号、电阻标称值属性分别为 R1 和 10k。

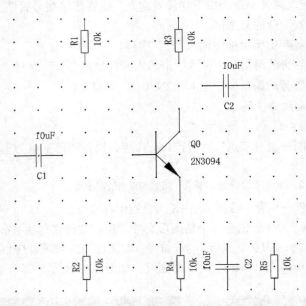

图 4-14　在 Component 里插入各元件符号

（10）选择菜单"修改→复制"，将电阻 R1 分别复制到图 4-14 所示的 R2、R3、R4、R5 对应的位置。注意：这些电阻符号的属性值都是 R1 和 10k。

（11）选择菜单"修改→特性"，选择复制生成的电阻符号，利用特性窗口按图 4-14 修改它们的属性值。

（12）选择菜单"插入→块"，执行 Insert 命令。在"插入"对话框中单击"浏览"按钮，选择 Cap.dwg 文件，设置旋转角度为 0°，单击"确定"按钮，将电容符号插入到图 4-14 中 C1 位置，输入电容标号属性为"C1"，标称值属性为"10uF"。

（13）重复执行插入图块 Cap（此时无需再选择 Cap.dwg 文件），设置旋转角度，按图 4-14 放置电容 C2、C3，并输入特定的标号、标称值属性值。

提示　　在上述操作过程中，旋转图块时，属性文字可能处于我们不期望的位置，这时可以选择这个图块，选择属性界标，移动属性文字位置。因为我们在定义这些属性时，没有选择"锁定位置"选项。

（14）通过"特性"窗口或"图层特性管理器"设置"Wire"层为当前层。

（15）选择菜单"绘图→直线"，绘制各个元件之间的连线，如图 4-15 所示。

因为捕捉模式处于打开状态，且所有元件的引线端点均位于栅格点上，所以画直线时无需打开对象捕捉功能和正交功能。

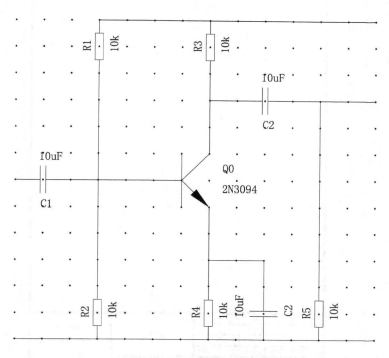

图 4-15　在 Wire 层绘制各元件之间的连线

（16）通过"特性"窗口或"图层特性管理器"设置"Junction"层为当前层。

（17）选择菜单"绘图→圆环"，执行 Donut 命令，按图 4-9 所示放置。

```
命令：_donut
指定圆环的内径 <0.5000>：输入 0，回车
指定圆环的外径 <1.0000>：输入 1，回车
指定圆环的中心点或 <退出>：在导线交点处单击左键
……（在其他导线交点处单击左键）
指定圆环的中心点或 <退出>：回车，结束命令
```

（18）选择菜单"文件→保存"或按 Ctrl +S 组合键保存文件，我们将在第 6 章再次使用到这个文件。

练　习　4

1. 利用 Windows 剪贴板复制、粘贴功能复用练习 2 第 1 题横置 A4 图纸中的表格，创建纵置 A4 幅面电子图纸（图形样板），如图 4-16 所示。绘图开始时设置图形界限为（0，0）～（210，297），保存文件名为 My_Portrait_A4.dwt。

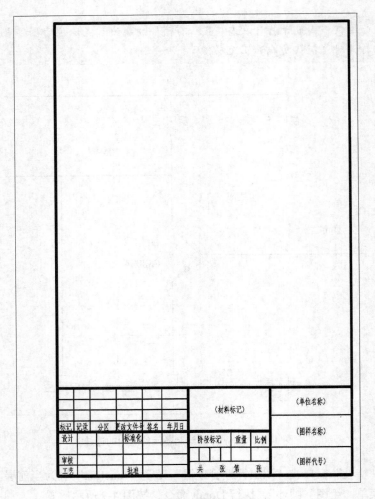

图 4-16　纵置 A4 幅面电子图纸

2. 使用 My_Landscape_A4.dwt 为样板绘制图 4-2 所示稳压电源电路。图中捕捉、栅格间距均为 5，各元件符号及其属性在单独文件中定义。

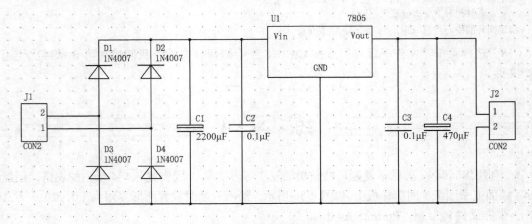

图 4-17　稳压电源电路

第5章
尺寸标注

在工程图样中，物体的大小与绘图精度无关，应使用尺寸表示物体结构要素间的实际距离和角度，因此，尺寸标注在工程设计中有重要应用。

5.1 标注样式设置

一个尺寸标注包括第 1 尺寸界线原点、第 2 尺寸界线原点、尺寸界线 1、尺寸界线 2、尺寸线 1、尺寸线 2、第一个箭头、第二个箭头和尺寸文字，如图 5-1 所示。

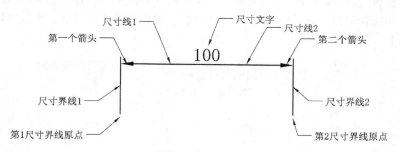

图 5-1　尺寸标注构成

第 1 尺寸界线原点是标注尺寸时指定的第 1 点，第 2 尺寸界线原点是指定的第 2 点，如果直接指定对象标注尺寸，则以对象起点作为第 1 尺寸界线原点，以对象端点（终点）作为第 2 尺寸界线原点。

尺寸界线标识尺寸标注的范围，从第 1 尺寸界线原点绘制出的尺寸界线称为尺寸界线 1，从第 2 尺寸界线原点绘制出的尺寸界线称为尺寸界线 2。

位于尺寸界线 1 侧的尺寸线称为尺寸线 1，位于尺寸界线 2 侧的尺寸线称为尺寸线 2。

尺寸线端点应绘制终端符号，在 AutoCAD 中分别称为第一个箭头和第二个箭头，对应于尺寸线 1 和尺寸线 2 端点。工程图样上常用终端符号是箭头和斜线。

尺寸文字用于指示尺寸标注数值，默认时 AutoCAD 使用测量尺寸作为尺寸文字，用户可以通过"特性"窗口自定义文本替代默认尺寸文字，此时尺寸文字称为"尺寸替代"。

一般情况下，使用 Acadiso.dwt 或 Acad.dwt 为样板创建的图形文件，尺寸界线、尺寸线、箭头和尺寸文字之间的默认位置关系和大小都能满足用户使用要求。但是，当 AutoCAD 图形文件是由其他应用程序转化而来时，其尺寸标注往往不能满足用户使用要求，需要对标注样式进行设置。

选择菜单"格式→标注样式",或"标注→标注样式",执行 DimStyle 命令,通过"标注样式管理器"对话框,可对标注样式进行详细设置,如图 5-2 所示。

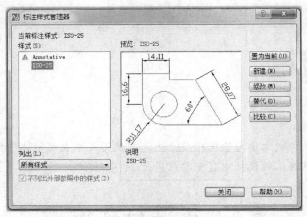

图 5-2 "标注样式管理器"对话框

图 5-2 显示了使用 Acadiso.dwt 为样板创建的图形文件中所包含的默认标注样式:ISO-25。用户可以修改这个样式,也可以以该样式为模板,创建新的标注样式。

下面的过程通过修改标注样式"ISO-25",了解尺寸标注样式设置的相关选项。

在"标注样式管理器"对话框中选择"ISO-25",单击"修改"按钮,出现"修改标准样式:ISO-25"对话框,如图 5-3 所示。

图 5-3 "线"选项卡

1. "线"选项卡

"线"选项卡设置尺寸线和尺寸界线。

(1)"尺寸线"选项组。尺寸线是指尺寸文字下方的直线或弧线,分为尺寸线 1 和尺寸线 2。

如图 5-3 所示，尺寸线颜色、线型、线宽默认设置都是 ByBlock（随块）。

AutoCAD 将一个尺寸标注视为图块（尺寸标注属于无名块，用户不能引用这样的图块）。当用户选择一个尺寸时，AutoCAD 在尺寸的不同位置显示界标，选择不同的界标，就可以实现对尺寸标注的调整。

尺寸线基线间距是指嵌套的 2 个标注的尺寸线之间的默认距离，如图 5-4 所示，用于控制进行基线标注（菜单"标注→基线"）时嵌套尺寸线间距，或执行标注间距（菜单"标注→标注间距"）命令时的自动尺寸线间距。

AutoCAD 允许隐藏尺寸线，即对话框中的隐藏尺寸线 1、尺寸线 2 选项。AutoCAD 不显示和打印被隐藏的尺寸线。隐藏尺寸线是为了避免出现尺寸线通过文字等优先级较高的图线。一般情况下尺寸线 1 或尺寸线 2 应该与尺寸界线 1 或尺寸界线 2 同时隐藏。

不建议在标注样式中设置隐藏尺寸线，因为这样做会导致标注出的所有尺寸都不显示尺寸线 1 或尺寸线 2。要隐藏特定标注的尺寸线 1 或尺寸线 2，可先选择该标注，然后通过"特性"窗口关闭相应尺寸线显示，如图 5-5 所示。

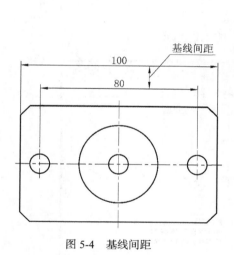

图 5-4　基线间距

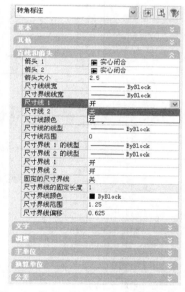

图 5-5　使用"特性"窗口隐藏尺寸线

（2）"尺寸界线"选项组。默认情况下，尺寸界线的颜色、线型、线宽也是 ByBlock（随层）。

可以设置隐藏尺寸界线 1 或尺寸界线 2。与尺寸线一样，不建议在标注样式中设置隐藏尺寸界线，应通过"特性"窗口关闭相应尺寸界线显示。

"超出尺寸线"选项是指尺寸界线超出尺寸线的长度，其含义如图 5-6 所示。

"起点偏移量"是指尺寸界线偏离尺寸界线原点的距离，如图 5-6 所示。非 0 的起点偏移会导致标注尺寸时捕捉到尺寸界线的端点而产生错误的标注，如图 5-7 所示，这种错误在图形显示较小时很容易发生。因此建议将起点偏移量设为 0。

一般不使用固定长度的尺寸界线。

2．"符号和箭头"选项卡

选择"修改标准样式：ISO-25"对话框的"符号和箭头"选项卡，可以对箭头等相关符号进行设置，如图 5-8 所示。

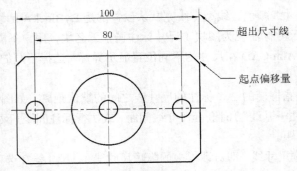

图 5-6　"超出尺寸线"和"起点偏移量"

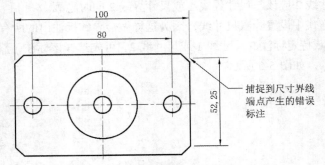

图 5-7　起点偏移引起的错误标注

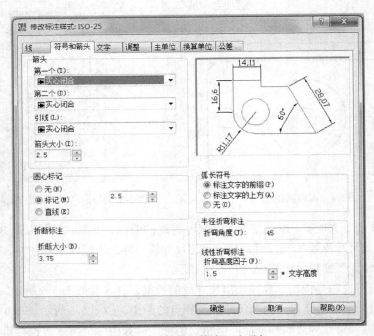

图 5-8　"符号和箭头"选项卡

（1）"箭头"选项组。可以分别设置尺寸线的 2 个终端形状。默认设置均为实心箭头，如图 5-7 所示。在土木、建筑工程图样中，一般使用短斜线（"建筑标记"或"倾斜"）作为尺寸线终端，如图 5-9 所示。

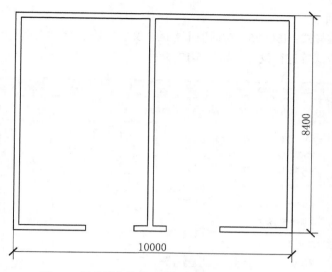

图 5-9　尺寸线终端为"建筑标记"时的尺寸标注

在此处修改引线终端样式并不能影响多重引线命令所生成的引线终端。欲修改有关多重引线设置，请执行 MLeaderStyle 命令（参见"多线样式"标注）。

可以设置箭头（终端）大小。

（2）"圆心标记"选项组。控制执行"标注→圆心标记"命令时从圆心画出的标识圆心位置的十字线的形状和大小。图 5-10 分别表示了圆心标记为"无"、"标记"和"直线"3 种情形时的标注结果。

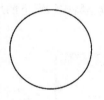
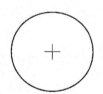
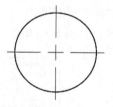

（a）圆心标记为"无"　　（b）圆心标记为"标记"　　（c）圆心标记为"直线"

图 5-10　三种形式的圆心标记

在以 Acad.dwg 为样板创建的英制图形中，标注半径或直径尺寸时，AutoCAD 自动放置圆心标记。

（3）"弧长符号"选项组。弧长符号用于指示标注为弧长，避免与角度标注或线性标注混淆。弧长符号设置可以选择"标注文字的前缀"、"标注文字的上方"和"无"，如图 5-11 所示。

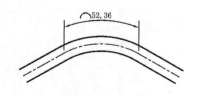
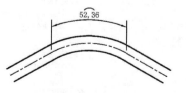
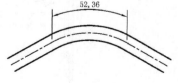

图 5-11　三种形式的弧长符号

3. "文字"选项卡

选择"修改标准样式：ISO-25"对话框上方的"文字"选项卡，可对尺寸文字的样式、颜色、字高、位置、对齐方式等进行设置，如图 5-12 所示。

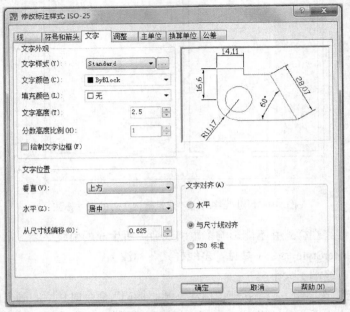

图 5-12　"文字"选项卡

4. "调整"选项卡

选择"修改标准样式：ISO-25"对话框的"调整"选项卡，可以调整特殊情况下的尺寸文字、箭头的位置，如图 5-13 所示。

图 5-13　"调整"选项卡

在"调整"选项卡中可以设置一个重要的系统变量 DimScale，即"标注特征比例"。该变量是一个比例因子，AutoCAD 标注尺寸时，会将标注样式中的所有线性变量乘以这个比例因子，如文字的高度、箭头的大小等。如全局比例设为 2，文字高度设为 2.5，则实际尺寸标注中，文字的高度为 5（=2×2.5）。

5. "主单位"选项卡

选择"修改标准样式：ISO-25"对话框的"主单位"选项卡，可以设置线性标注和角度标注中尺寸文字的类型和精度，如图 5-14 所示。关于主单位格式设置，读者可参考本书 2.3.2 小节相关内容。

默认情况下，AutoCAD 进行尺寸标注时使用单字节逗号","作为小数分隔符，建议改为常用的单字节句点符号"."。

图 5-14　"主单位"选项卡

在"主单位"选项卡中，有一个非常重要的系统变量"测量单位比例"，该变量的作用是，在标注线性尺寸（长度或距离）时，将测量得到的数值乘上这个比例因子，将结果作为尺寸文字。使用这个变量在非 1：1 比例绘制的工程图样中标注尺寸非常方便。例如按比例 1：10 作图，长度为 1000 的距离在图样上表现为 100，在标注尺寸时，系统采用测量值 100 标注这样的距离，显然，为了表示正确的尺寸，必须手工改变这个尺寸文字为 1000，这是非常不方便的。此时，如果设置"测量单位比例"为 10，标注的结果是，系统将测量值 100 乘上 10，也就是 1000 作为尺寸文字。

通常测量单位比例应该设为当前图样所用比例的倒数。

6. "换算单位"选项卡

可以在尺寸标注中显示不同单位制式下的尺寸数值，以便不同习惯的读者阅读，如图 5-15 所示。在该图中，主尺寸单位为毫米，方括号中数值单位为换算单位（英寸）。

欲在尺寸标注中显示换算单位，应在"换算单位"选项卡中选择"显示换算单位"复选框，然后根据换算单位不同，设置"换算单位倍数"，如图 5-16 所示。在该图中，换算单位倍数设为 0.039370，表示了毫米到英寸的换算倍数。

如果欲单独为某一尺寸显示单位换算，可以选择该尺寸，然后在"特性"窗口的"换算单位"选项页中打开单位换算显示，并设置换算倍数。

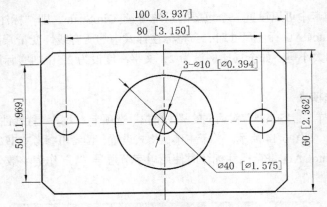

图 5-15　显示换算单位的尺寸标注

图 5-16　"换算单位"选项卡

7. "公差"选项卡

在工程图样中，精度要求高的尺寸应标注公差，表示尺寸的允许变动范围，如图 5-17 所示。

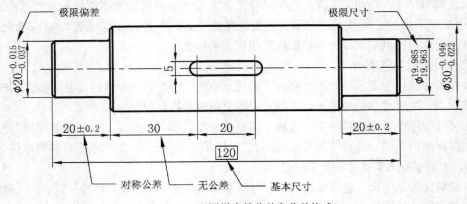

图 5-17　工程图样中的公差和公差格式

尺寸公差设置在"修改标注样式"对话框中的"公差"选项卡进行，如图 5-18 所示。

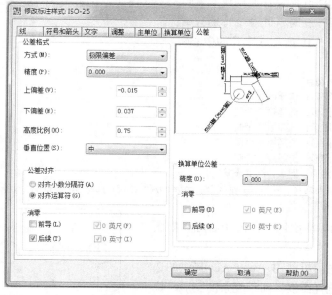

图 5-18　"公差"选项卡

公差显示分为无公差、对称公差、极限偏差、极限尺寸、基本尺寸 5 种格式。各种公差格式表达方法如图 5-17 所示。

显示公差时应设置公差精度，在机械工程图样中，一般将公差精度设置为小数点后 3 位，即 0.000。

默认情况下，如果在"上偏差"旁的编辑框中输入正数，则该数为正偏差（以极限偏差格式表示误差时该数前标写正号"+"），因此，如果上偏差为负偏差（以极限偏差格式表示误差时该数前标写负号"−"，如图 5-17 所示），必须在上偏差数值前加输负号"−"。

如果在"下偏差"旁的编辑框中输入正数，则该数表示负偏差，如果下偏差为正偏差，必须在下偏差数值前加输负号"−"。

"高度比例"用于设置偏差文字相对于公称尺寸文字的高度。

"垂直位置"选项用于设置偏差文字与公称尺寸文字的位置关系。

不是每一个尺寸都需要标注公差，且不同尺寸标注的公差通常也是不尽相同的，因此，不建议在标注样式中设置公差。用户可选择欲显示公差的尺寸标注，然后在"特性"窗口的"公差"选项页设置公差格式和公差数值。

5.2　常用标注命令

AutoCAD 提供了功能完备的尺寸标注命令。

5.2.1　快速标注

命令：QDim。

菜单：标注→快速标注。

快速标注使用 QDim 命令快速创建或编辑一系列标注。在创建系列基线或连续标注，或者为一系列圆或圆弧创建标注时，此命令特别有用。

下述过程标注图 5-19 所示 5 个圆的中心距。

```
命令：_qdim
关联标注优先级 = 端点
选择要标注的几何图形：选择第 1 个圆
选择要标注的几何图形：选择第 2 个圆
选择要标注的几何图形：选择第 3 个圆
选择要标注的几何图形：选择第 4 个圆
选择要标注的几何图形：选择第 5 个圆
选择要标注的几何图形：回车，结束选择
```
指定尺寸线位置或[连续(C)/并列(S)/基线(B)/坐标(O)/半径(R)/直径(D)/基准点(P)/编辑(E)/设置(T)] <连续>：在图形下方适当位置指定一点

AutoCAD 自动标注出四个圆的中心距，如图 5-19 所示。

进行快速标注时可以使用 AutoCAD 提供的选择集各种构造方法选择图线。对于复杂的图形，快速标注生成的尺寸往往不能全部满足用户需要或符合工程规范，需用户进一步编辑整理。

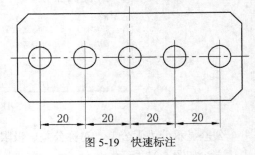

图 5-19　快速标注

5.2.2　线性标注

命令：DimLinear。

菜单：标注→线性。

线性标注命令用于标注两点或指定对象两个端点之间的水平或竖直距离，更严格地说，用于标注两点或指定对象两个端点之间的 x 轴距离或 y 轴距离，标注结果（即尺寸标注的方向）取决于放置标注的位置。

下面的过程标注图 5-20 所示圆弧两端点水平和竖直距离，标注过程中分别采用指定尺寸界线原点方式和选择对象方式。

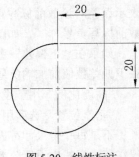

图 5-20　线性标注

```
命令：_dimlinear
指定第一条尺寸界线原点或 <选择对象>：捕捉圆弧的一个端点
指定第二条尺寸界线原点：捕捉圆弧的另一个端点
指定尺寸线位置或
[多行文字(M)/文字(T)/角度(A)/水平(H)/垂直(V)/旋转(R)]：光标上移，当显示为水平尺寸时单击左键
标注文字 = 20

命令：回车，重复执行线性标注命令
DIMLINEAR
指定第一条尺寸界线原点或 <选择对象>：回车，准备选择对象
选择标注对象：选择图中圆弧
指定尺寸线位置或
[多行文字(M)/文字(T)/角度(A)/水平(H)/垂直(V)/旋转(R)]：光标右移，当显示为竖直尺寸时单击左键
标注文字 = 20
```

5.2.3　对齐标注

命令：DimAligned。

菜单：标注→对齐。

对齐标注命令用于标注两点或指定对象两个端点之间的直线距离，如图 5-21（a）所示。

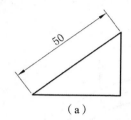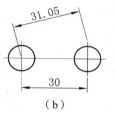

图 5-21　对齐标注

下面的过程标注一个直角三角形斜边的长度，如图 5-21（a）所示。

命令: _dimaligned
指定第一条尺寸界线原点或 <选择对象>: 回车，准备标注特定对象的长度
选择标注对象: 选择直角三角形斜边
指定尺寸线位置或[多行文字(M)/文字(T)/角度(A)]: 移动光标，在适当位置单击左键，完成标注
标注文字 = 50

对齐标注的结果与标注时的选点位置有关。如图 5-21（b）所示，进行对齐标注时捕捉两个圆的中心作为尺寸界线原点，可得到正确的尺寸标注（尺寸 30），但如果捕捉左侧圆的圆心，右侧圆十字线的端点，则会得到错误的标注（尺寸 31.05）。

如果一幅图形中有较多的同一方向的对齐标注，可以使用 UCS 命令改变用户坐标系坐标轴方向（菜单"工具→新建 UCS→三点"），将对齐标注转化为线性标注，如图 5-22 所示（请注意图中用户坐标系图标指示的坐标轴方向）。

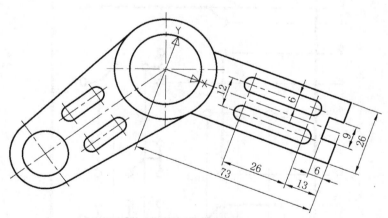

图 5-22　对齐标注转化为线性标注

5.2.4　标注弧长

命令：DimArc。

菜单：标注→弧长。

标注弧长命令用于标注指定弧线段的长度，如图 5-23 所示。

下面的过程标注一个圆弧的长度。

命令：_dimarc
选择弧线段或多段线弧线段：选择圆弧
指定弧长标注位置或[多行文字(M)/文字(T)/角度(A)/部分(P)/]：在适当位置单击左键
标注文字 =52.36

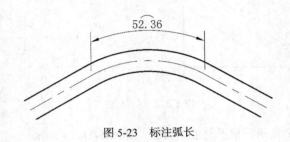

图 5-23　标注弧长

5.2.5　坐标标注

命令：DimOrdinate。

菜单：标注→坐标。

坐标标注用于标注特定点的 x 坐标或 y 坐标，取决于标注过程中标注放置的位置。坐标标注在数控加工中使用较多，因为数控机床是通过坐标来表示刀具的位置的。

进行坐标标注前一般应设定坐标原点的位置和方向。

下面的过程标注图 5-24 所示各圆圆心的位置。

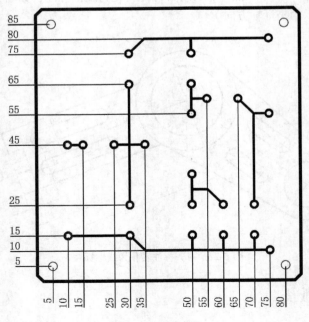

图 5-24　坐标标注

（1）选择菜单"工具→新建 UCS→原点"，执行 UCS 命令，设置坐标原点为图形左下角点。

命令：_ucs
当前 UCS 名称：*世界*
指定 UCS 的原点或[面(F)/命名(NA)/对象(OB)/上一个(P)/视图(V)/世界(W)/X/Y/Z/Z 轴(ZA)] <世界>：_o
指定新原点 <0,0,0>：捕捉图形左下角点

（2）选择菜单"标注→坐标"，执行 DimOrdinate 命令，标注坐标信息。

命令：_dimordinate
指定点坐标：捕捉第一个圆的圆心
指定引线端点或[X 基准(X)/Y 基准(Y)/多行文字(M)/文字(T)/角度(A)]：移动光标，当标注显示为 x 坐标或 y
坐标信息时在适当位置单击左键
标注文字 = 5

回车，重复执行坐标标注命令，标注其他圆心坐标。

5.2.6　径向尺寸标注

命令：DimRadius、DimDiamenter、Dimjogged。
菜单：标注→半径、直径、折弯。
径向尺寸标注包括半径标注（DimRadius）和直径标注（DimDiamenter），分别标注圆或圆弧的半径和直径，在命令执行过程中只要按提示选择圆或圆弧，将尺寸文字放在适当位置即可。
当圆弧的半径很大时，其圆心就可能位于图纸的外面，此时为了标注圆弧的半径，可使用折弯标注，如图 5-25 所示。

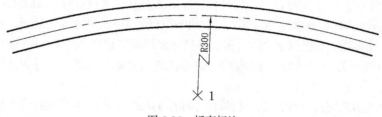

图 5-25　折弯标注

选择菜单"标注→折弯"，执行 Dimjogged 命令进行折弯标注。

命令：_dimjogged
选择圆弧或圆：选择圆弧
指定图示中心位置：在适当位置指定一点（图 5-25 中点 1），作为名义圆心
标注文字 =300
指定尺寸线位置或[多行文字(M)/文字(T)/角度(A)]：指定尺寸线位置
指定折弯位置：指定折弯位置

5.2.7　角度标注

命令：DimAngular。
菜单：标注→角度。
标注两条直线之间的夹角或圆弧的角度使用 DimAngular 命令，用户只需选择两条直线，或一个圆弧，将角度标注放在指定位置即可。也允许用户指定角度顶点和端点标注角度。

5.2.8　基线标注

命令：DimBaseLine。

菜单：标注→基线。

基线标注是将选定尺寸或刚标注完成的尺寸标注的尺寸界线 1 作为本次标注的尺寸界线 1，因此在基线标注中只需指定尺寸界线 2，如图 5-26 中图形上部的一组尺寸。

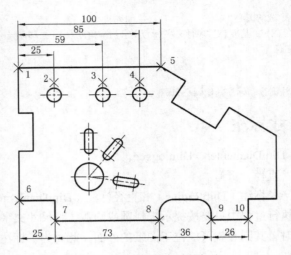

图 5-26　基线标注与连续标注

在进行基线标注前应至少存在一个线性标注、对齐标注或角度标注。如果在线性标注、对齐标注或角度标注后立即执行基线标注，AutoCAD 以刚标注完成的尺寸标注的第 1 尺寸界线作为基线标注的第 1 尺寸界线，直接提示"指定第 2 条尺寸界线原点或[放弃（U）/选择（S）] <选择>:"。否则，AutoCAD 提示用户"选择基准标注"，以选择的尺寸标注的第 1 尺寸界线作为基线标注的第 1 尺寸界线。

基线标注生成的系列尺寸标注中，相邻尺寸标注的尺寸线间距由标注样式中设定的基线间距确定（参见图 5-4）。

下面的操作按图 5-26 选点操作，进行基线标注。

首先进行一次线性标注。选择"标注→线性"，执行 DimLinear 命令。

命令: _dimlinear
指定第一条尺寸界线原点或 <选择对象>：捕捉端点 1
指定第二条尺寸界线原点：捕捉端点 2
指定尺寸线位置或
[多行文字(M)/文字(T)/角度(A)/水平(H)/垂直(V)/旋转(R)]：将尺寸文字定位在图形的上方
标注文字 = 25

选择菜单"标注→基线"，执行基线标注命令 DimBaseLine。

命令: _dimbaseline
指定第二条尺寸界线原点或[放弃(U)/选择(S)] <选择>：捕捉点 3
标注文字 = 59
指定第二条尺寸界线原点或[放弃(U)/选择(S)] <选择>：捕捉点 4
标注文字 = 85
指定第二条尺寸界线原点或[放弃(U)/选择(S)] <选择>：捕捉点 5

标注文字 = 100
指定第二条尺寸界线原点或[放弃(U)/选择(S)] <选择>：回车
选择基准标注：可以选择另外一个标注，开始一个新的基准标注序列，此处按回车键，结束命令

5.2.9　连续标注

命令：DimContinue。

菜单：标注→连续。

连续标注是将刚标注完成的尺寸标注或选定尺寸标注的尺寸界线 2 作为本次标注的尺寸界线 1，因此在进行连续标注前应至少存在一个线性标注、对齐标注或角度标注，在连续标注过程中只需指定尺寸界线 2 原点，如图 5-26 中图形下部的一组尺寸。

如果在线性标注、对齐标注或角度标注后立即执行连续标注，AutoCAD 以刚标注完成的尺寸标注的第 2 尺寸界线作为连续标注的第 1 尺寸界线，直接提示"指定第 2 条尺寸界线原点或[放弃（U）/选择（S）] <选择>:"。否则，AutoCAD 提示用户"选择连续标注"，以选择尺寸标注的第 2 尺寸界线作为连续标注的第 1 尺寸界线。

下面的操作按图 5-26 选点操作，进行连续标注。

首先进行一次线性标注。选择"标注→线性"，执行 DimLinear 命令。

命令：_dimlinear
指定第一条尺寸界线原点或 <选择对象>：捕捉端点 6
指定第二条尺寸界线原点：捕捉端点 7
指定尺寸线位置或
[多行文字(M)/文字(T)/角度(A)/水平(H)/垂直(V)/旋转(R)]：将尺寸文字定位在图形的下方
标注文字 = 25

选择菜单"标注→连续"，执行连续标注命令 DimContinue。

命令：_dimcontinue
指定第二条尺寸界线原点或[放弃(U)/选择(S)] <选择>：捕捉端点 8
标注文字 = 73
指定第二条尺寸界线原点或[放弃(U)/选择(S)] <选择>：捕捉端点 9
标注文字 = 36
指定第二条尺寸界线原点或[放弃(U)/选择(S)] <选择>：捕捉端点 10
标注文字 = 26
指定第二条尺寸界线原点或[放弃(U)/选择(S)] <选择>：回车
选择连续标注：可以选择另外一个标注，开始一个新的连续标注序列，此处按回车键，结束命令

5.2.10　多重引线标注及其样式

命令：MLeader、MLeaderStyle。

菜单：标注→多重引线。

1．多重引线

多重引线用于对图形进行注释，如图 5-27 所示。

创建多重引线的过程如下。

命令：_mleader
指定引线箭头的位置或[引线基线优先(L)/内容优先(C)/选项(O)] <选项>：指定引线起点
指定引线基线的位置：在屏幕适当位置指定点

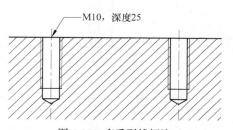

图 5-27　多重引线标注

在屏幕上输入注释文字（可回车，书写多行文字），用鼠标在屏幕其他位置单击左键结束命令。

2. 多重引线样式

不同应用场合的引线标注型式不尽相同，注释性信息一般可采用图 5-27 所示的样式（该样式为默认样式），该样式一般不适合创建装配图中的零部件球标。用户可定义并保存自己的多重引线样式。

多重引线样式使用 MLeaderStyle 命令定义或修改。

从键盘输入 MLeaderStyle 命令，AutoCAD 弹出"多重引线样式管理器"对话框，如图 5-28 所示。

在"多重引线样式管理器"对话框中，单击"新建"按钮，AutoCAD 弹出"创建新多重引线样式"对话框，如图 5-28 所示。

在"新样式名"标签下方的编辑框中输入"Balloon"字样，单击"继续"按钮。AutoCAD 弹出"修改多重引线样式：Balloon"对话框，如图 5-29 所示。

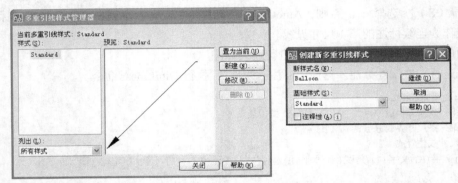

图 5-28　"多重引线样式管理器"和"创建新多重引线样式"对话框

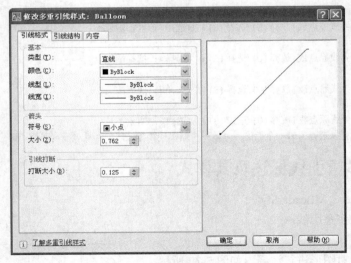

图 5-29　"引线格式"选项卡

（1）在"引线格式"选项卡中设置多重引线终端形状为"小点"，终端大小为 0.762，如图 5-29 所示。

（2）在"内容"选项卡中，设置多重引线类型为"块"，源块设置为"详细信息标注"，如图 5-30 所示。

单击"确定"按钮，返回"多重引线样式管理器"对话框，单击"置为当前"按钮，最后单击"关闭"按钮，结束多重引线样式定义与设置。

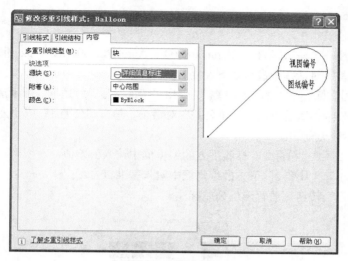

图 5-30 "内容"选项卡

参考图 5-31，使用多重引线样式"Balloon"创建装配图零部件球标标注。选择菜单"标注→多重引线"。

命令：_mleader
指定引线箭头的位置或[引线基线优先(L)/内容优先(C)/选项(O)] <选项>：在图 5-31 所示标号为 1 的零件图上单击左键
指定引线基线的位置：在图形轮廓外指定一点
输入属性值
输入视图编号 <视图编号>：输入 1，作为零件编号
输入图纸编号 <图纸编号>：输入 1，作为零件数量

回车，重复上述过程放置其他球标。

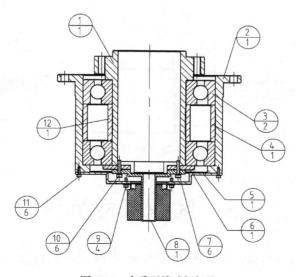

图 5-31 多重引线球标标注

5.2.11　形位公差标注

命令：Tolerance。

菜单：标注→公差。

选择菜单"标注→公差"，执行 Tolerance 命令，AutoCAD 弹出图 5-32 所示"形位公差"对话框。在"形位公差"对话框中进行如下设置。

（1）单击"符号"标签下方的图标"■"，弹出"特征符号"对话框，用于选择形位公差类型。

（2）选择合适公差类型后返回"形位公差"对话框，单击"公差 1"或"公差 2"标签下方的图标"■"，可显示公差前缀 ϕ。

（3）在"公差 1"或"公差 2"标签下方的编辑框中输入公差值。

（4）在"基准 1"、"基准 2"下方的编辑框中输入基准符号。

（5）单击"确定"按钮，放置形位公差标注。

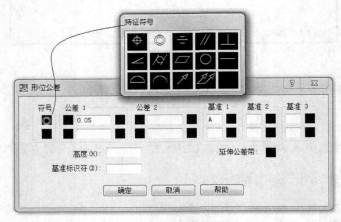

图 5-32　"形位公差"对话框

按图 5-32 设置创建的同轴度公差如图 5-33 所示，图中基准 A、形位公差引线及箭头由用户绘制。

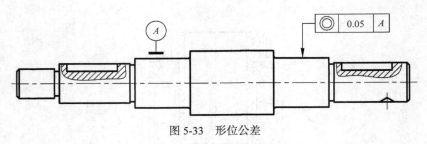

图 5-33　形位公差

5.3　编辑尺寸标注

尺寸标注完成后，很多时候需要根据实际情况对尺寸标注进行调整，如改变尺寸文字的位置，隐藏指定尺寸线、尺寸界线，修改尺寸文本的内容、高度、字体等。

5.3.1 使用界标编辑尺寸标注

修改尺寸标注点位的最简便方法是使用界标。

选择尺寸标注，AutoCAD 在尺寸标注的尺寸界线原点、尺寸线端点、文字插入点处显示界标，如图 5-34 所示。

默认情况下，尺寸标注与创建尺寸标注时选择的点或对象是关联的，如果改变尺寸界线原点位置或改变与尺寸标注关联的图线点位，尺寸文字会因为测量值发生变化而改变。

单击尺寸界线原点处界标，移动光标，在新的位置单击左键，重新定位尺寸界线原点，可以改变尺寸标注的范围。如果尺寸文字采用的是默认测量值，则尺寸文字会因为尺寸界线原点变化相应改变。

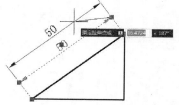

图 5-34 尺寸标注上的界标

单击尺寸文字处界标，然后移动光标，在新的位置单击左键，可以改变尺寸文字位置，且尺寸线位置也会随之改变。

单击尺寸线端点处界标，移动光标可以改变尺寸线位置，尺寸文字位置也随之相应移动。

5.3.2 使用"特性"窗口修改尺寸标注设置

当选择了一个或多个尺寸标注后，在"特性"窗口中就显示了这个（些）选定尺寸标注的所有信息，包括直线和箭头、文字、调整、主单位、换算单位及公差等，如图 5-36 所示。这些信息与标注样式设置基本相同，这表明可以通过"特性"窗口修改指定尺寸标注的所有设置。

用户可以根据需要对尺寸标注进行修改，其中常用的操作是隐藏某一侧尺寸界线、尺寸线、改变默认文本内容、设置尺寸公差等。

例如，在工程制图中，轴类零件通常不画投影为圆的视图，用户通过线性标注在非圆视图上标注直径尺寸，如图 5-35 所示。但是线性标注不能在尺寸文字前自动添加前缀符号ø，因此用户必须通过"特性"窗口在默认文字前添加前缀符号ø。

如图 5-35（a）所示，先执行线性标注命令，标注直径尺寸，所有标注文字前均缺少标志直径的符号ø。

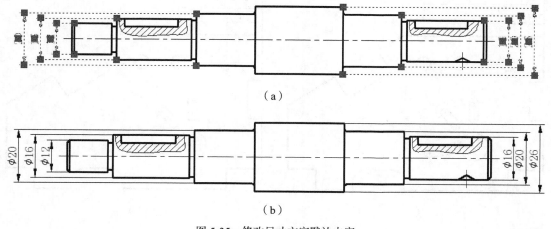

（a）

（b）

图 5-35 修改尺寸文字默认内容

选择图 5-35（a）所示所有尺寸，打开"特性"窗口，如图 5-36 所示，在"特性"窗口中"文字"选项页最后一行"文字替代"右侧编辑框中输入"%%c<>"，回车，按 Esc（退出）键，完成尺寸标注文字修改，结果如图 5-35（b）所示。其中，"%%c"表示直径符号"ϕ"，"<>"表示引用测量值。

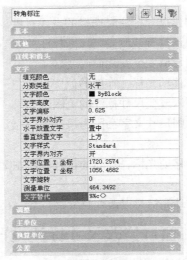

图 5-36 通过"特性"窗口设置文字替代

5.3.3 修改标注间距

命令：DimSpace。

菜单：标注→标注间距。

嵌套标注的尺寸线间距往往不是太大就是太小，导致图面外观不协调。可以使用界标调整尺寸线间距，当嵌套的尺寸数量较多时，可以使用标注间距命令批量调整尺寸线间距。

下面的过程调整图 5-37（a）所示嵌套尺寸基线间距，使其绘制效果如图 5-37（b）所示。

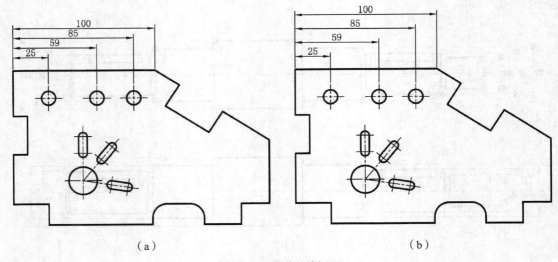

（a）   （b）

图 5-37 调节基线间距

命令：_DIMSPACE
选择基准标注：选择尺寸 25
选择要产生间距的标注：选择尺寸 59
找到 1 个
选择要产生间距的标注：选择尺寸 85
找到 1 个，总计 2 个
选择要产生间距的标注：选择尺寸 100
找到 1 个，总计 3 个
选择要产生间距的标注：回车，停止选择
输入值或[自动(A)] <自动>：输入 10，回车

如果上述过程的最后一步采用"自动"选项，则采用标注样式中设定的基线间距（参见图 5-3）。

5.3.4 打断标注

命令：DimBreak。

菜单：标注→标注打断。

在工程图样中，文字处于优先级最高的地位，如果尺寸线或尺寸界线不可避免地通过注释文字，就必须隐藏相应尺寸线或尺寸界线，或者在文字位置打断尺寸线或尺寸界线，如图 5-38 所示。

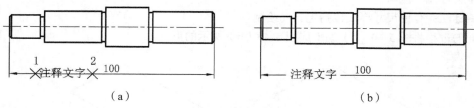

（a）　　　　　　　　　　　　　　　　（b）

图 5-38　打断尺寸标注

下面的过程打断图 5-38（a）所示尺寸线位于"注释文字"之间的部分，使其如图 5-38（b）所示。

命令：_DIMBREAK
选择标注或[多个(M)]：选择尺寸标注 100
选择要打断标注的对象或[自动(A)/恢复(R)/手动(M)] <自动>：输入 m，回车
指定第一个打断点：关闭对象捕捉，指定点 1（该点可位于尺寸线外）
指定第二个打断点：指定点 2（该点也可位于尺寸线外）

5.3.5 标注折弯

命令：DimJogLine。

菜单：标注→折弯线性。

折弯标注通常用于强调实际长度大于图示长度的尺寸标注，如图 5-39 所示。

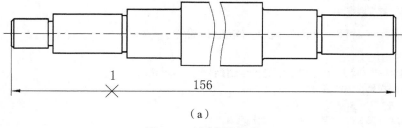

（a）

图 5-39　创建标注折弯

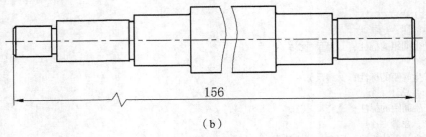

（b）

图 5-39　创建标注折弯（续）

下面过程为图 5-39（a）所示尺寸 156 添加折弯，使其成为图 5-39（b）所示形状。

命令：_DIMJOGLINE
选择要添加折弯的标注或[删除(R)]：选择尺寸 156
指定折弯位置（或按 ENTER 键）：关闭对象捕捉，指定点 1（该指定点 1 并不要求在尺寸线上）

5.3.6　倾斜标注

命令：DimEdit。
菜单：标注→倾斜。
倾斜标注命令使尺寸界线按指定方向绘制。
下面的过程将图 5-40（a）编辑成图 5-40（b）所示的形状。

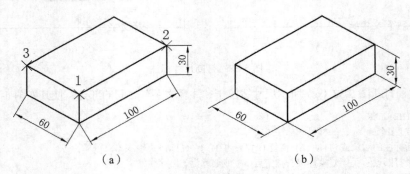

（a）　　　　　　　　　　　（b）

图 5-40　倾斜尺寸

选择菜单"标注→倾斜"，执行 DimEdit 命令。

命令：_dimedit
输入标注编辑类型[默认(H)/新建(N)/旋转(R)/倾斜(O)] <默认>：_o（O 选项由系统自动输入）
选择对象：选择尺寸 60
选择对象：回车，结束选择
输入倾斜角度（按 ENTER 表示无)：捕捉端点 1
指定第二点：捕捉端点 2

重新选择菜单"标注→倾斜"，执行 DimEdit 命令。

命令：_dimedit
输入标注编辑类型[默认(H)/新建(N)/旋转(R)/倾斜(O)] <默认>：_o
选择对象：选择尺寸 100 和 30
选择对象：回车，结束选择
输入倾斜角度（按 ENTER 表示无)：捕捉端点 1
指定第二点：捕捉端点 3

5.3.7　更新标注

命令：-DimStyle。

菜单：标注→更新。

在绘图过程中可以随时执行标注样式命令 DimStyle，修改标注样式。但是修改后的设置一般不会自动应用于已有的尺寸标注，必须执行更新命令才能将修改后的标注样式应用于选定尺寸。

更新尺寸标注使用-DimStyle 命令（注意与 DimStyle 命令的区别），选择菜单"标注→更新"，AutoCAD 提示如下。

```
命令：_-dimstyle
当前标注样式：ISO-25    注释性：否
当前标注替代：
DIMARCSYM    1
DIMCEN       5.0000
DIMDSEP      .
DIMEXO       0.0000
DIMLDRBLK    Dot
DIMSCALE     3.0000
DIMTFILLCLR 4 (cyan)
DIMTOH       On
输入标注样式选项
[注释性(AN)/保存(S)/恢复(R)/状态(ST)/变量(V)/应用(A)/?] <恢复>：_apply
选择对象：选择欲应用标注样式的尺寸，输入 all 表示选择全部尺寸
```

练 习 5

1. 按题图所示尺寸标注本书前面章节练习所绘制的图形。

2. 以适当样板绘制图 5-41～图 5-43 所示平面图形并标注尺寸，使用图层管理线型、线宽、颜色，将尺寸标注放置在名为 Dimension 的图层上。

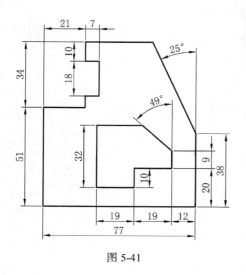

图 5-41

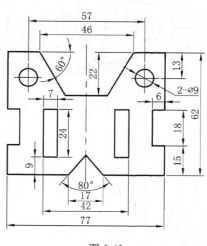

图 5-42

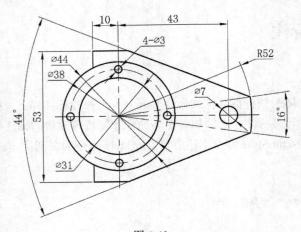

图 5-43

3. 按图 5-44 所示绘制零件三视图并标注尺寸。

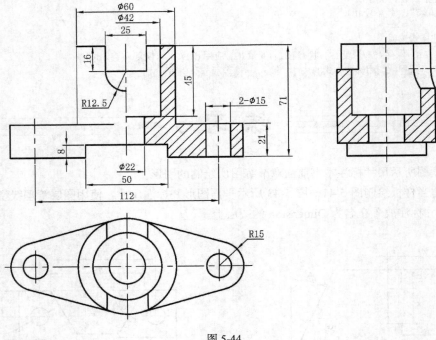

图 5-44

第6章
常用绘图命令详解

至此，读者应该能够使用 AutoCAD 常用命令绘制具有一定复杂程度的图形。然而，一些特定的图形对象，如表示函数图像的光滑曲线，表示焊盘、过孔的圆环等，应使用特定的命令绘制，否则会显得很麻烦。

本章详细介绍常用的绘图命令。在执行这些命令的过程中，应灵活运用各种坐标输入方法。

6.1 AutoCAD 三维建模简介

虽然本书前面章节绘制的都是二维平面图形，实际上 AutoCAD 是一个真正的三维 CAD 软件。

可以在 AutoCAD 中创建 3 维模型，通过选择"绘图→建模"菜单下的相应命令，不仅可以指定尺寸和位置创建长方体、圆体柱等三维图素。还可以通过拉伸、旋转、扫描等方法创建更复杂的三维立体模型。这些三维实体模型之间通过并、交、差等运算可以得到复杂的三维模型。

下面的操作创建一个长方体和一个圆柱体，然后从长方体上减去圆柱体，得到一个带孔长方形板，如图 6-1 所示。

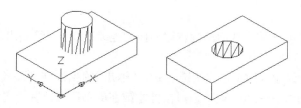

图 6-1　AutoCAD 三维建模

（1）选择菜单"视图→三维视图→西南等轴测"。

（2）选择菜单"绘图→建模→长方体"。

命令：_box
指定第一个角点或[中心(C)]：输入 0,0 后回车
指定其他角点或[立方体(C)/长度(L)]：输入 100,60 后回车
指定高度或[两点(2P)]：　输入 20, 回车

（3）选择菜单"绘图→建模→圆柱体"。

命令：_cylinder
指定底面的中心点或[三点(3P)/两点(2P)/相切、相切、半径(T)/椭圆(E)]：输入 50,30 后回车

指定底面半径或[直径(D)]：输入 15，回车
指定高度或[两点(2P)/轴端点(A)]：输入 50，回车

（4）选择菜单"修改→实体编辑→差集"。

命令：_subtract
选择要从中减去的实体或面域...
选择对象：选择长方体
选择对象：回车
选择要减去的实体或面域 ..
选择对象：选择圆柱体
选择对象：回车

AutoCAD 提供的三维建模功能操作简便，适于创建较为简单的立体。但由于其不具有参数化功能，没有提供模型树，因此，形体尺寸编辑十分困难，一旦出现操作失误，模型恢复也非常不便。目前已被基于特征的参数化设计方法所取代，但其基于基本体素间的并、交、差的布尔运算思想与基于特征的设计方法是完全一致的。

6.2 直　　线

命令：Line。
菜单：绘图→直线。
命令缩写：L。
直线命令执行过程如下。

命令：_line
指定第一点：
指定下一点或[放弃(U)]：
指定下一点或[放弃(U)]：
指定下一点或[闭合(C)/放弃(U)]：

1. 选项说明

AutoCAD 允许连续输入点，从而绘制首尾相接的连续直线，但绘制出的每一条直线段被作为单一对象看待。

用户可以在任何时候输入回车，或按键盘 Esc（退出）键结束直线命令。

● 指定第一点。直线第一点一般可通过鼠标左键在屏幕适当位置指定点，或捕捉已有对象特征点，极少情况下输入绝对坐标。如果在"指定第一点"提示下输入回车，则 AutoCAD 从上一次直线命令的最后一点开始画线。

● 放弃。从第二个输入点开始，命令提示出现"放弃（U）"选项，意味着输入"U"（不要忘记回车），可以取消上一个点输入。此时选择菜单"编辑→放弃（U）命令组"也可以取消上一点输入。用户可以连续输入"放弃（U）"选项，直到取消第一点输入。

● 闭合。从第四个输入点提示开始出现"闭合（C）"选项，用户输入该选项，AutoCAD 将最后一点与第一点相连，并且结束命令。

2. 应用实例及注意事项

直线是平面设计最基本的图线元素，因此绘制直线是 AutoCAD 最常用命令。绘制直线过程中指定点时，应根据已知条件灵活运用各种点输入方法。

　　在特殊情形下，直线的起点也可以是隐含的，AutoCAD 根据用户下一点输入反推上一点坐标。下面的过程绘制图 6-2（a）所示与圆相切、长度为 40、与竖直方向夹角为 60°的直线，操作过程按图 6-2（b）输入点。

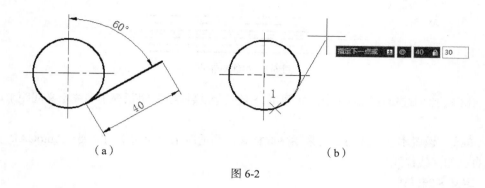

图 6-2

　　选择菜单"绘图→直线"，执行 Line 命令。

命令：_line
指定第一点：输入 tan，回车，启动切点捕捉功能
到 指定点 1
指定下一点或[放弃(U)]：输入@40<30，回车
指定下一点或[放弃(U)]：回车，结束命令

6.3　多线及其样式

　　命令：MLine、MLStyle。
　　菜单：绘图→多线、格式→多线样式。
　　命令缩写：ML。
　　多线是 AutoCAD 定义的系列首尾相接、相互平行的两条或多条直线组合，用于表达管路、墙体、道路、并行电缆等结构。
　　组成多线的相互平行的直线称为图元，AutoCAD 通过设置与基准线的偏移距离定义图元，允许定义图元数量为 1～16。
　　选择菜单"绘图→多线"，采用默认多线样式绘制多线的过程如下。

命令：_mline
当前设置：对正 = 上，比例 = 20.00，样式 = STANDARD
指定起点或[对正(J)/比例(S)/样式(ST)]：
指定下一点：
指定下一点或[放弃(U)]：

1．选项说明

　　多线命令点输入方法和绘制过程与直线命令完全相同，但是绘制生成的系列首尾相接的多段线被作为整体看待，在命令开始时增加了对正（J）、比例（S）、样式（ST）选项。
　　● 对正。可以设置的对正方式有"上"、"下"或"无"。以从左至右绘制水平多线为例，当多线图元数量大于等于 2 时，对正方式"上"将用户输入点作为最上面直线端点，对正方式"下"

将用户输入点作为最下面直线端点，对正方式"无"将用户输入点作为多线定义基准线端点，如图 6-3 所示。注意，AutoCAD 不显示多线定义基准线，除非多线图元与基准线重合。

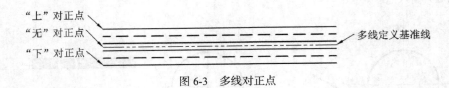

"上"对正点
"无"对正点 —————————————————— 多线定义基准线
"下"对正点

图 6-3　多线对正点

● 比例。比例选项控制多线中图元间距。多线图元实际绘制间距等于多线定义间距乘以该比例因子。

● 样式。设置本次多线命令所采用多线样式。为适应工程应用不同需要，AutoCAD 允许用户定义自己的多线样式。

2. 定义多线样式

定义或修改多线样式使用 MLStyle 命令。选择菜单"格式→多线样式"，AutoCAD 弹出"多线样式"对话框，如图 6-4 所示。

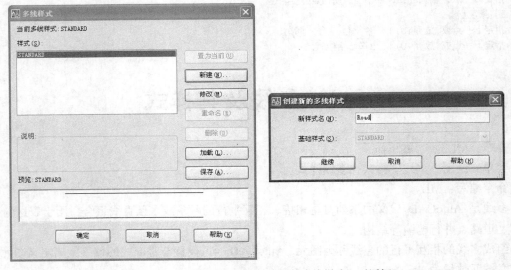

图 6-4　"多线样式"和"创建新的多线样式"对话框

通过"多线样式"对话框，用户可以创建、修改、重命名、删除多线样式，或将选定多线样式设为当前样式。下面的过程创建新多线样式 Road，并将其设为当前样式。

（1）单击"多线样式"对话框中"新建"按钮，弹出"创建新的多线样式"对话框，在"新样式名"文本框中输入"Road"字样，单击"继续"按钮，弹出"新建多线样式：Road"对话框，如图 6-5 所示。AutoCAD 以选定样式为默认模板创建新图线样式，用户可以选择模板。

（2）设置描述信息。在"新建多线样式：Road"对话框的"说明"文本框中输入"双向 4 车道高速公路"。

（3）设置封口。可分别设置多线起点、端点是否绘制封口及封口类型与参数，封口类型及其参数含义如图 6-6 所示。

（4）设置填充色。可以设置多线填充色，如图 6-6（b）所示。

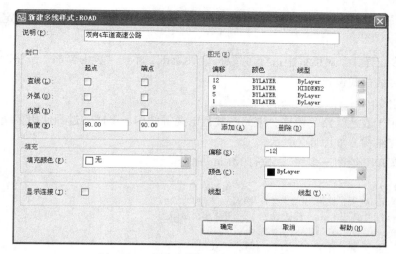

图 6-5　"新建多线样式：Road"对话框

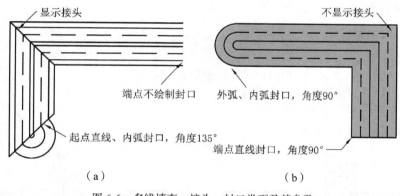

图 6-6　多线填充、接头、封口类型及其参数

（5）显示连接。控制是否在相邻多线交接处显示线段（接头），如图 6-6（a）所示。

（6）图元。AutoCAD 通过指定与多线定义基准线（参见图 6-3）的偏移距离定义多线图元。AutoCAD 2008 允许为多线定义 1～16 个图元。在"新建多线样式：Road"对话框中进行如下操作。

① 选择"图元"列表框中偏移距离为 0.5 的图元，在其下方"偏移"标签旁的编辑框中输入 1，该图元表示绿化带边缘。

② 选择偏移距离为-0.5 的图元，将其偏移距离设为-1，该图元表示绿化带另一侧边缘；

③ 单击"添加"按钮，设置偏移距离为 5，单击"线型"按钮，设置该图元线型为"HIDDENX2"，该图元表示行车道与快车道分隔线。

④ 单击"添加"按钮，设置偏移距离为-5，单击"线型"按钮，设置该图元线型为"HIDDENX2"，该图元表示另一侧行车道与快车道分隔线。

⑤ 单击"添加"按钮，设置偏移距离为 9，该图元表示行车道与紧急停靠带分隔线。

⑥ 单击"添加"按钮，设置偏移距离为-9，该图元表示另一侧行车道与紧急停靠带分隔线。

⑦ 单击"添加"按钮，设置偏移距离为 12，该图元表示高速公路边界。

⑧ 单击"添加"按钮，设置偏移距离为-12，该图元表示高速公路另一侧边界。

（7）在"新建多线样式：Road"对话框中单击"确定"按钮，完成多线样式定义，返回"多线样式"对话框。

（8）在"多线样式"对话框中选择多线样式"Road"，单击"置为当前"按钮，最后单击"确定"按钮完成多线样式设置。

3. 应用实例

多线一般用于表达管路、墙体、道路、并行电缆等结构。下面的过程使用多线样式 Road 创建高速公路立交结构，如图 6-7 所示。

（1）选择菜单"绘图→多线"，执行 MLine 命令。

```
命令：_mline
当前设置：对正 = 无，比例 = 20.00，样式 = ROAD
指定起点或[对正(J)/比例(S)/样式(ST)]：输入 s，回车
输入多线比例 <10.00>：输入 1，回车
当前设置：对正 = 无，比例 = 1.00，样式 = ROAD
指定起点或[对正(J)/比例(S)/样式(ST)]：在屏幕适当位置单击左键
指定下一点：打开正交功能，光标右移，绘制水平多线
指定下一点或[放弃(U)]：回车，结束命令

命令：回车，重复多线命令
MLINE
当前设置：对正 = 无，比例 = 1.00，样式 = ROAD
指定起点或[对正(J)/比例(S)/样式(ST)]：在水平多线上方指定一点
指定下一点：光标下移，在水平多线下方指定一点
指定下一点或[放弃(U)]：回车，结束命令
```

操作结果如图 6-7（a）所示。

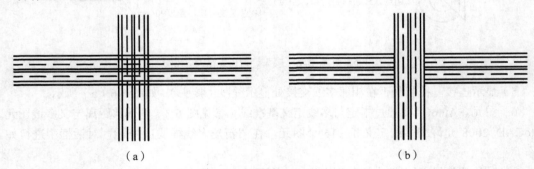

（a）   （b）

图 6-7 高速公路立交结构

（2）选择菜单"修改→对象→多线"，执行 MLEdit 命令，编辑多线。AutoCAD 弹出图 6-8 所示"多线编辑工具"对话框，单击"十字闭合"图标，"多线编辑工具"对话框消失，按下述过程选择多线。

```
命令：_mledit
选择第一条多线：选择水平多线
选择第二条多线：选择竖直多线
选择第一条多线 或[放弃(U)]：回车，结束命令
```

编辑结果如图 6-7（b）所示。

选择绘制完成的多线，可以看到，AutoCAD 将一根（首尾相接的）多线作为整体对待，在每段多线对正点上显示界标，用户可以通过界标编辑多线点位。

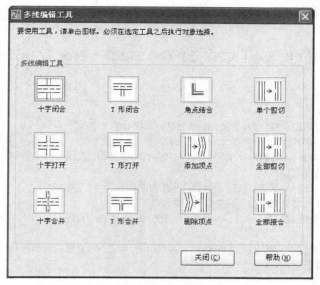

图 6-8　　"多线编辑工具"对话框

6.4　多　段　线

命令：PLine。

菜单：绘图→多段线。

命令缩写：PL。

多段线是首尾相接的系列直线和圆弧的组合，AutoCAD 将它们作为同一实体处理。多段线可以是封闭的，也可以是开放的，如图 6-9 所示。

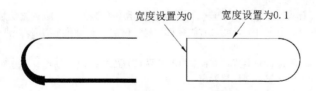

图 6-9　开放的和闭合的多段线

多段线的不同部分可以有不同的宽度，即使是多段线中的同一直线段或弧线段，其首尾宽度也可以不同，由此可以形成非常复杂的图形，如图 6-9 所示。

多段线的宽度与 AutoCAD 对象线宽是两个不同的概念。理论上，直线、圆等图形对象是没有宽度的，为其设置线宽特性是为了显示或打印的需要。多段线的线宽则是一个物理性的概念，特指某个图形对象所具有的物理宽度，如印制电路板上的导电图形一般表现为直线段或圆弧，是有宽度的（否则是不能导电的），应使用多段线绘制。

当多段线宽度大于 0 时，AutoCAD 按其宽度显示或打印图形。AutoCAD 允许将多段线的宽度设为 0，此时 AutoCAD 使用多段线线宽特性设置显示和打印多段线。因而可能出现宽度为 0 的多段线显示或打印宽度大于宽度大于 0 的多段线的情形，如图 6-9（b）所示。

当多段线宽度大于 0 时，其显示不受系统线宽显示开关影响。但宽度等于 0 的多段线显示受线宽开关影响。

下面的过程是绘制多段线操作实例。选择菜单"绘图→多段线"，执行 PLine 命令。

```
命令: _pline
指定起点: 指定一点
当前线宽为 0.0000
指定下一个点或[圆弧(A)/半宽(H)/长度(L)/放弃(U)/宽度(W)]: 指定一点
指定下一点或[圆弧(A)/闭合(C)/半宽(H)/长度(L)/放弃(U)/宽度(W)]:  输入 a, 回车, 切换到画圆弧模式
指定圆弧的端点或[角度(A)/圆心(CE)/闭合(CL)/方向(D)/半宽(H)/直线(L)/半径(R)/第二个点(S)/放弃(U)/宽
度(W)]:  输入 w 或 h, 设置宽度
指定起点宽度 <0.0000>: 输入 0.5, 设置起点宽度为 0.5
指定端点宽度 <0.5000>: 输入 0, 设置端点宽度为 0
指定圆弧的端点或[角度(A)/圆心(CE)/闭合(CL)/方向(D)/半宽(H)/直线(L)/半径(R)/第二个点(S)/放弃(U)/宽
度(W)]:  指定一点
指定圆弧的端点或[角度(A)/圆心(CE)/闭合(CL)/方向(D)/半宽(H)/直线(L)/半径(R)/第二个点(S)/放弃(U)/宽
度(W)]: 指定一点, 或回车, 结束命令
```

1. 选项说明

- 圆弧。切换到画圆弧模式。
- 直线。切换到画直线模式。
- 宽度。设置多段线下一段的起点宽度和端点宽度，默认宽度等于上一段端点宽度。
- 闭合。将本次多段线命令的最后一点与第一点相连，形成闭合多段线，并结束多段线命令。

在多段线命令执行过程中，可以随时输入回车结束命令。

2. 应用实例

使用多段线可以方便地绘制工程中常见的箭头符号。下述过程绘制一个水平向右的箭头，如图 6-10 所示。

选择菜单"绘图→多段线"，执行 PLine 命令。

图 6-10　水平向右的箭头

```
命令: _pline
指定起点: 在屏幕适当位置指定一点
当前线宽为 0.0000 (如果当前宽度不等于 0, 在下面的提示中务必输入 w, 设置宽度为 0)
指定下一个点或[圆弧(A)/半宽(H)/长度(L)/放弃(U)/宽度(W)]: 打开正交功能, 光标右移, 橡皮筋线水平时输
入 10, 回车
指定下一点或[圆弧(A)/闭合(C)/半宽(H)/长度(L)/放弃(U)/宽度(W)]: 输入 w, 回车
指定起点宽度 <0.0000>:  输入 1.5, 回车
指定端点宽度 <1.5000>:  输入 0, 回车
指定下一点或[圆弧(A)/闭合(C)/半宽(H)/长度(L)/放弃(U)/宽度(W)]:  光标右移, 橡皮筋线水平时输入 4, 回车
指定下一点或[圆弧(A)/闭合(C)/半宽(H)/长度(L)/放弃(U)/宽度(W)]: 回车, 结束命令
```

多段线的另一重要用途是绘制印制电路板（PCB）导电图形。下面的过程模拟绘制印制电路板导电图形。

（1）打开 4.4 节创建的放大器原理图文件 Amplify.dwg。

（2）设置"Route"层为当前层。

（3）关闭图层"Juction"、"Wire"。

（4）关闭"对象捕捉"、"正交"功能，打开"捕捉"功能和栅格显示。

（5）选择菜单"绘图→多段线"，执行 PLine 命令，按下述过程参考图 6-11 在相连元件管脚间绘制多段线。

命令：_pline
指定起点：　捕捉三极管基极引线端点
当前线宽为 0
指定下一个点或[圆弧(A)/半宽(H)/长度(L)/放弃(U)/宽度(W)]：　输入 w，回车
指定起点宽度 <0.0000>：输入 0.762，回车
指定端点宽度 <0.7620>：回车
指定下一个点或[圆弧(A)/半宽(H)/长度(L)/放弃(U)/宽度(W)]：捕捉与三极管基极相连的电容引线端点
指定下一点或[圆弧(A)/闭合(C)/半宽(H)/长度(L)/放弃(U)/宽度(W)]：回车，结束命令

命令：回车，重复多段线命令，重复上述过程，按图 6-11 所示，绘制其他导电图形。
……

（6）按 Ctrl+S 组合键保存文件。

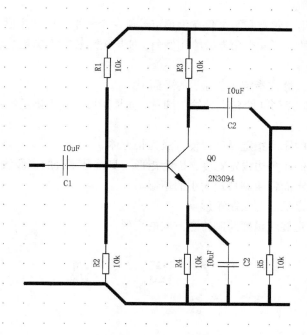

图 6-11　放大器导电图形模拟图

6.5　正多边形

命令：Polygon。
菜单：绘图→正多边形。
AutoCAD 允许绘制 3～1024 边数的正多边形。
根据已知条件不同，可以采用 3 种方法绘制正多边形，分别如下。
● 中心，内接于圆：已知正多边形中心位置和一个顶点位置。
● 中心，外切于圆：已知正多边形中心位置和一个边中点位置。
● 边：已知正多边形一条边的两个顶点位置。
正多边形实际上是一条闭合的多段线。

6.6 矩 形

命令：Rectang。

菜单：绘图→矩形。

矩形是闭合的多段线。下述过程绘制一个 100×60 的矩形。

```
命令：_rectang
指定第一个角点或[倒角(C)/标高(E)/圆角(F)/厚度(T)/宽度(W)]：在图形中适当位置指定一点
指定另一个角点或[面积(A)/尺寸(D)/旋转(R)]：@100,60
```

矩形命令选项说明如下。

AutoCAD 默认以第一角点和第二角点为顶点绘制一个水平方向的矩形。

- 倒角。在画出的矩形 4 个角点处绘制倒角，如果矩形长宽不满足绘制倒角的条件，则忽略此选项。
- 标高。将矩形放置在指定 z 坐标值的平面上。
- 圆角。在画出的矩形 4 个角点处绘制圆角，如果矩形长宽不满足绘制圆角的条件，则忽略此选项。
- 厚度。为绘制的矩形指定厚度，使其成为长方体。
- 宽度。为矩形的 4 条边设定宽度，因为矩形本身就是闭合的多段线。
- 面积。通过设定面积绘制特定大小的矩形。
- 尺寸。通过指定长、宽绘制矩形。
- 旋转。通过设定旋转角度绘制特定方向的矩形。

6.7 圆 弧

命令：Arc。

菜单：绘图→圆弧。

命令缩写：A。

AutoCAD 提供了 11 种画圆弧的方法，参见"绘图→圆弧"菜单下的子菜单。用户可根据需要选用。

只有在圆弧起点、端点、中心位置、起止角度或半径等参数已知的条件下才可以使用 Arc 命令绘制。大多数情况下，圆弧作为中间段或连接段使用，其位置、角度参数通常是隐含的，因此一般应根据已知条件和连接关系绘制等半径圆，然后使用修剪等方法得到圆弧，或使用圆角命令绘制指定半径公切圆弧。读者可回忆前述吊钩平面图绘制过程。

6.8 圆

命令：Circle。

菜单：绘图→圆。

命令缩写：C。

AutoCAD 提供 5 种方法绘制圆，分别如下。

● 圆心，半径：指定圆心位置和半径大小绘制圆，指定圆心位置后输入半径数值，或移动光标至适当位置单击左键，AutoCAD 将当前光标与圆心之间距离作为半径绘制圆。

● 圆心，直径：指定圆心位置和直径大小绘制圆，指定圆心位置后输入直径数值，或移动光标至适当位置单击左键，AutoCAD 将当前光标与圆心之间距离作为直径绘制圆。

● 2 点：以指定的两点作为直径绘制圆。

● 3 点：指定不在同一直线上的三点绘制圆。

● 相切，相切，半径：欲绘制的圆与两个指定对象相切，并具有指定大小的半径。在此过程中，系统自动启动切点捕捉功能。

上述 5 种画圆方法分别与"绘图→圆"菜单下的子菜单对应。其中菜单"绘图→圆→相切，相切，相切"与 3 点方式对应，执行过程中系统自动启动切点捕捉功能。

6.9 圆　　环

命令：Donut。

菜单：绘图→圆环。

圆环命令绘制具有不同内、外直径的圆环，实际上是具有宽度的闭合多段线。

在命令执行开始时，需设置圆环的内直径和外直径，其中内直径可以设为 0。命令执行过程中可连续绘制多个圆环，直到用户按下回车键。

选择菜单"绘图→圆环"，执行 Donut 命令。

```
命令：_donut
指定圆环的内径 <0.5000>： 输入圆环内直径，可以为 0
指定圆环的外径 <1.0000>： 输入圆环外直径
指定圆环的中心点或 <退出>： 指定圆环中心
指定圆环的中心点或 <退出>： 继续指定圆环中心，回车结束命令
```

1. 选项说明

● 指定圆环的内径。指圆环内圈的直径。

● 指定圆环的外径。指圆环外圈的直径。

2. 应用实例

圆环通常用于绘制印制电路板（PCB）中的焊盘和过孔。

下面的过程模拟绘制放大器电路印制电路板焊盘。

（1）打开 6.4 节保存的 Amplify.dwg 文件。

（2）关闭正交、对象捕捉功能，打开捕捉功能，打开栅格显示。

（3）设置"Pad"层为当前层。

（4）选择菜单"绘图→圆环"，执行 Donut 命令，在每个元件的引线端点及电路输入、输出端口放置表示焊盘的圆环。

```
命令：donut
指定圆环的内径 <0.5000>： 输入 1.5，回车
指定圆环的外径 <1.0000>： 输入 3，回车
```

指定圆环的中心点或 <退出>：捕捉一个元件引线端点

......（依次捕捉所有元件引线端点和电路输入、输出端口）

指定圆环的中心点或 <退出>：回车，结束命令

（5）关闭捕捉功能。

（6）选择菜单"修改→修剪"，剪除导电图形位于焊盘（圆环）内侧部分。

命令：_trim

当前设置：投影=UCS，边=无

选择剪切边...

选择对象或 <全部选择>：回车，选择全部对象

选择要修剪的对象，或按住 Shift 键选择要延伸的对象，或[栏选(F)/窗交(C)/投影(P)/边(E)/删除(R)/放弃(U)]：向上滚动鼠标中键滚轮，选择导电图形位于焊盘内侧部分

......（重复上述过程，修剪其余导电图形）

选择要修剪的对象，或按住 Shift 键选择要延伸的对象，或[栏选(F)/窗交(C)/投影(P)/边(E)/删除(R)/放弃(U)]：回车，结束命令

（7）关闭"Component"图层。完成后的图形如图 6-12 所示。

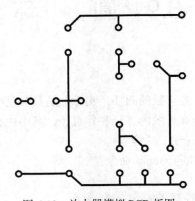

图 6-12　放大器模拟 PCB 板图

（8）按 Ctrl+S 组合键保存文件。

6.10　样条曲线

命令：Spline

菜单：绘图→样条曲线

样条曲线命令通过指定点使用 NURBS（非一致有理 B 样条曲线）算法创建样条曲线。

样条曲线在汽车、飞机等运动设备的外形设计中有重要的应用。

选择菜单"绘图→样条曲线"，执行 Spline 命令。

命令：_spline

指定第一个点或[对象(O)]：

指定下一点：

指定下一点或[闭合(C)/拟合公差(F)] <起点切向>：

......

指定下一点或[闭合(C)/拟合公差(F)] <起点切向>：

指定起点切向：
指定端点切向：

1．选项说明

● 对象。将二维或三维的二次或三次样条拟合多段线转换成等价的样条曲线并删除多段线。

● 闭合。将最后一点定义为与第一点一致并使它在连接处相切，生成闭合样条曲线。

● 拟合公差。修改拟合当前样条曲线的公差，AutoCAD 根据新公差以现有点重新定义样条曲线。可以重复更改拟合公差，但这样做会更改所有控制点的公差，不管选定的是哪个控制点。如果公差设置为 0，则样条曲线通过拟合点。输入大于 0 的公差将使样条曲线在指定的公差范围内通过拟合点。

● 指定起点切向。指定样条曲线第一点的切向，可以指定点或按 Enter 键。

● 指定端点切向。指定样条曲线最后一点的切向，可以指定点或按 Enter 键。

2．应用实例

使用样条曲线命令可以方便地绘制任何函数图像曲线，其方法是先生成函数曲线坐标点对，然后将这些坐标点对作为样条曲线的点输入。下面的过程绘制正弦函数 $y = 50\sin 2x$ 的图像。

（1）以 Acadiso.dwt 为样板，创建新图形文件，保存文件名为 50sin2x.dwg。

（2）绘制坐标轴。选择菜单"绘图→直线"，执行 Line 命令，绘制图 6-13 所示表示坐标轴的 2 条直线。

```
命令：_line
指定第一点：在屏幕适当位置指定一点
指定下一点或[放弃(U)]：打开正交功能，光标上移或下移，当橡皮筋线显示为竖直方向时，输入 120，回车
指定下一点或[放弃(U)]：回车，结束命令
命令：回车，重新执行画直线命令
LINE
指定第一点：输入 mid，回车启动中点捕捉功能
于 捕捉竖直线中点
指定下一点或[放弃(U)]：光标右移，橡皮筋线指示水平向右时，输入 190，回车
指定下一点或[放弃(U)]：回车，结束命令
```

选择长度为 190 的水平线，单击该直线左端界标，向左侧移动光标，待橡皮筋线显示为水平向左时，输入 10，回车。按退出（Esc）键取消选择。

（3）绘制箭头。选择菜单"绘图→多段线"，执行 Pline 命令，绘制图 6-13 所示坐标轴箭头。

```
命令：_pline
指定起点：捕捉水平线右端点
当前线宽为 0.0000
指定下一个点或[圆弧(A)/半宽(H)/长度(L)/放弃(U)/宽度(W)]：输入 w，回车
指定起点宽度 <0.0000>：输入 3，回车
指定端点宽度 <3.0000>：输入 0，回车
指定下一个点或[圆弧(A)/半宽(H)/长度(L)/放弃(U)/宽度(W)]：光标右移，橡皮筋线指示水平向右时输入 8，回车
指定下一个点或[圆弧(A)/闭合(C)/半宽(H)/长度(L)/放弃(U)/宽度(W)]：回车，结束命令

命令：回车，重复执行多段线命令
PLINE
指定起点：捕捉竖直线上端点
当前线宽为 0.0000
指定下一个点或[圆弧(A)/半宽(H)/长度(L)/放弃(U)/宽度(W)]：输入 w，回车
指定起点宽度 <0.0000>：输入 3，回车
指定端点宽度 <3.0000>：输入 0，回车
```

指定下一个点或[圆弧(A)/半宽(H)/长度(L)/放弃(U)/宽度(W)]： 光标上移，橡皮筋线竖直向上时输入8，回车
指定下一点或[圆弧(A)/闭合(C)/半宽(H)/长度(L)/放弃(U)/宽度(W)]：回车，结束命令

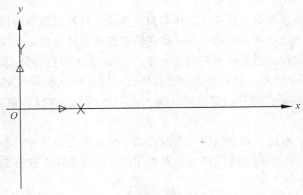

图 6-13　函数图像坐标系

（4）选择菜单"绘图→文字→单行文字"，执行 DText 命令。书写图 6-13 所示"x"、"y"、"O"字样标签。

　　　执行 DText 命令书写单行文字时，在输入文字过程中，用户随时可以用左键指定文字新起点，书写新行文字，因此，只需执行单行文字命令 1 次就可以完成图 6-13 所示 3 个不同位置字符书写。

命令：_dtext
当前文字样式："Standard" 文字高度：3.0000 注释性：否
指定文字的起点或[对正(J)/样式(S)]： 在水平线右侧箭头右侧适当位置指定点
指定高度 <3.0000>：输入8，回车
指定文字的旋转角度 <0>：回车
输入字符"x"，然后在竖直线箭头上方适当位置单击左键，输入字符"y"，接着在水平线、竖直线交点左下角附近单击左键，输入字符"O"，回车 2 次，结束命令。

（5）选择菜单"工具→新建 UCS→原点"，执行 UCS 命令，设置用户坐标系原点为图 6-13 所示水平线、竖直线的交点。

命令：_ucs
当前 UCS 名称：*世界*
指定 UCS 的原点或[面(F)/命名(NA)/对象(OB)/上一个(P)/视图(V)/世界(W)/X/Y/Z/Z 轴(ZA)] <世界>：_o
指定新原点 <0,0,0>： 捕捉图 6-13 所示水平线、竖直线的交点

（6）运行电子表格处理程序 Microsoft Office Excel 程序。

① 在 Excel 的 A1 单元格输入 0，选择 A1 单元格，将光标移到该单元格右下角黑色小方块上，当光标显示为黑色短十字时按下左键，将光标向下拖动到 A61 单元格，如果 A61 单元格数据不显示为 60，则按住 Ctrl 键不放，再松开鼠标左键。

② 在 B1 单元格输入"=A1*3"，回车。

③ 在 C1 单元格输入"=50*sin（2*B1*3.1415926/180）"，回车。

④ 同时选择 B1、C1 单元格，将光标移到 C1 单元格右下角黑色小方块上，当光标显示为黑色短十字时按住左键不放，将光标向下拖动到第 61 行后松开左键。

显然，此时 B 列与 C 列单元格对应数据组成的数据对就是函数 $y = 50\sin 2x$ 函数曲线上点的 x，

y 坐标，其中 *x* 以度（°）为单位。

⑤ 选择单元格 B1、C1 到 B61、C61，按 Ctrl+C 组合键将其复制到剪贴板中。

（7）启动 Microsoft Office Word 程序。

① 在 Word 中，选择菜单"编辑→选择性粘贴"，在"选择性粘贴"对话框中选择"无格式文本"，如图 6-14 所示，单击"确定"按钮。在 Word 中得到两列用制表符隔开的数据。

② 在 Word 中选择菜单"编辑→替换"，在"查找和替换"对话框中单击"高级"按钮，然后单击"特殊字符"按钮，选择"制表符"（或直接在"查找内容"标签旁的编辑框中输入"^t"），再在"替换为"标签旁的编辑框中输入单字节逗号"，"，最后单击"全部替换"按钮，将所有制表符替换为单字节逗号，生成坐标点数据。关闭"查找与替换"对话框。

 在输入单字节逗号"，"时，务必关闭中文输入法，确保输入的逗号为单字节。

③ 在 Word 中按 Ctrl+A 组合键，选择全部数据，再按 Ctrl+C 组合键将其复制到剪贴板。

（8）返回 AutoCAD，选择菜单"绘图→样条曲线"，执行 Spline 命令。

命令：_spline
指定第一个点或[对象(O)]：在命令提示行该提示后单击鼠标右键，选择"粘贴"
……
指定下一点或[闭合(C)/拟合公差(F)] <起点切向>：回车
指定起点切向：回车
指定端点切向：回车

绘制完成的函数图像如图 6-15 所示。

图 6-14 Word"选择性粘贴"对话框

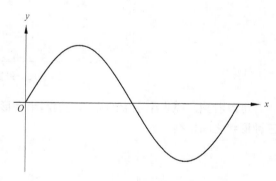

图 6-15 *y*=50sin2*x* 图像

（9）选择菜单"工具→新建 UCS→世界"，将用户坐标系改回与世界坐标系重合。

（10）按 Ctrl+S 组合键保存文件。

显然，使用上述方法可以绘制任意二维或三维曲线图像。

样条曲线在工程图样中还可用于绘制波浪线。

6.11 椭圆与轴测图

命令：Ellipse。
菜单：绘图→椭圆。

命令缩写：EL。

AutoCAD 提供两种绘制椭圆的方法。

（1）指定圆心、第一轴的端点和第二轴的半长度。

（2）指定第一轴的两个端点和第二轴的半长度。

按上述方法定义完成椭圆后指定起点角度和终止角度，可绘制椭圆弧。

当捕捉模式设置为"等轴测捕捉"时，从键盘输入椭圆命令 Ellipse，或者选择菜单"绘图→椭圆→轴，端点"，命令提示行将会出现"等轴测圆"选项，使用该选项，可方便绘制等轴测视图中的圆。

下面的过程描述等轴测视图的绘制方法。

（1）在状态行"捕捉"或"栅格"按钮上单击鼠标右键，选择"设置"菜单项，在打开的"草图设置"对话框中设置"捕捉类型"为"等轴测捕捉"，单击"确定"按钮，如图 6-16 所示。

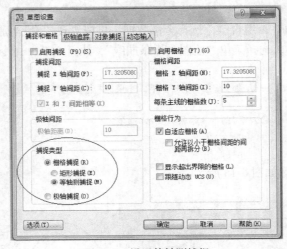

图 6-16　设置等轴测捕捉

可以看到，原来十字形的光标变为斜十字形状，按功能键 F5，光标形状会在图 6-17 所示的三种形状之间切换。

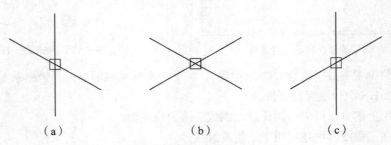

图 6-17　等轴测捕捉模式下的 3 种光标形状

在下文中，为了叙述方便，分别将图 6-17 中的 3 种光标形状称为第 1 种、第 2 种和第 3 种光标。

当捕捉模式处于等轴测捕捉模式时，在正交功能打开时，水平和竖直方向分别被映射到图 6-17所示光标直线对应方向。

（2）选择"菜单→直线"，执行 Line 命令，按如下过程绘制一个等轴测矩形。

命令: _line
指定第一点: 在屏幕适当位置指定一点
指定下一点或[放弃(U)]: 按功能键 F5，将光标切换为第 2 种形状，打开正交功能，光标右移，当橡皮筋线显示为指向右上角时，输入 100，回车
指定下一点或[放弃(U)]: 将光标移向右下角，当橡皮筋线指向右下角时，输入 60，回车
指定下一点或[闭合(C)/放弃(U)]: 光标左移，当橡皮筋线指向左下角时，输入 100，回车
指定下一点或[闭合(C)/放弃(U)]: 输入 c，回车，结束直线命令

（3）选择位于"前侧"的 2 条直线，选择菜单"修改→复制"，在屏幕任意位置指定一点，按功能键 F5，切换光标为第 1 种或第 3 种形状，移动光标，当橡皮筋线显示为竖直向下时，输入 20，回车，将所选直线向下复制 20 个绘图单位。

（4）重复执行画直线命令，绘制 3 条竖直线，如图 6-18 所示。

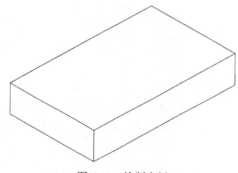

图 6-18 绘制底板

（5）捕捉上底面后边直线的中点，绘制一条长度为 80 的竖直线，如图 6-19（a）所示。

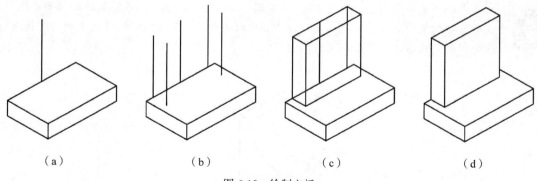

（a）　　　　　　　　（b）　　　　　　　　（c）　　　　　　　　（d）

图 6-19 绘制立板

（6）选择步骤（5）绘制的竖直线，选择菜单"修改→复制"，按功能键 F5，切换光标为第 2 种或第 3 种形状，在正交模式下将该直线向左、右分别复制 40 个绘图单位，如图 6-19（b）所示。

（7）选择步骤（6）复制生成的 2 条竖直线，选择菜单"修改→复制"，按功能键 F5，将光标切换为第 1 种或第 2 种形状，在正交模式下将该 2 直线向前复制 20 个图形单位，如图 6-19（b）所示。

（8）执行画直线命令，按图 6-19（c）绘制直线。

（9）选择图中多余的直线，按键盘上的 Delete 键，删除多余直线，如图 6-19（d）所示。

（10）执行修剪命令，或使用界标编辑模式，将图形编辑成图 6-19（d）所示形状。

（11）按功能键 F5，将光标切换为第 2 种形状。从键盘输入命令 Ellipse，或选择菜单"绘图→椭圆→轴，端点"，按下述过程绘制等轴测圆。

```
命令: ellipse
指定椭圆轴的端点或[圆弧(A)/中心点(C)/等轴测圆(I)]: 输入i，回车
指定等轴测圆的圆心: 捕捉立板前侧上底边中点
指定等轴测圆的半径或[直径(D)]: 输入30，回车
```

结果如图 6-20（a）所示。

（12）使用修剪命令，将图形编辑成图 6-20（b）所示形状。

（13）将椭圆弧向左后侧复制 20 个图形单位，绘制直线，然后修剪图形，将图形编辑成图 6-20（c）所示的形状。

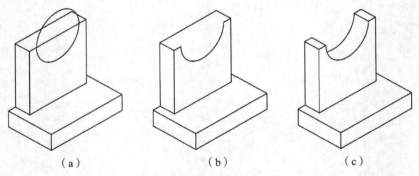

（a）　　　　　　　　　（b）　　　　　　　　　（c）

图 6-20　绘制立板上方的椭圆弧

（14）使用与前面所述内容类似的方法将图形编辑成图 6-21 所示的形状。

 在绘制底板圆角（半径为 15）、底板圆（直径为 15）前，必须绘制辅助线确定圆心，然后采用椭圆命令的等轴测圆选项绘制；底板右侧上、下圆弧间轮廓线不能通过捕捉切点绘制，必须通过捕捉象限点绘制。

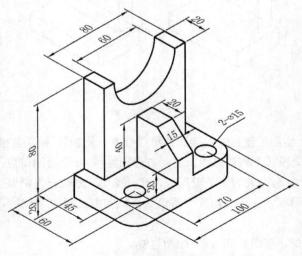

图 6-21　绘制完成的轴测图

总结：与绘制一般平面图形一样，绘制轴测图时也必须通过各种辅助线确定图线的位置，然后根据定位尺寸和定形尺寸绘制图线。所需线条一旦画成，应及时删除辅助线。

6.12　表格及其样式

命令：Table、TableStyle。

菜单：绘图→表格、格式→表格样式。

使用表格命令，用户可以如同在 Excel、Word 中一样创建和编辑表格。下面通过创建标题栏表格说明表格命令的使用。

1．插入表格

选择菜单"绘图→表格"，执行 Table 命令，AutoCAD 弹出"插入表格"对话框，如图 6-22 所示。

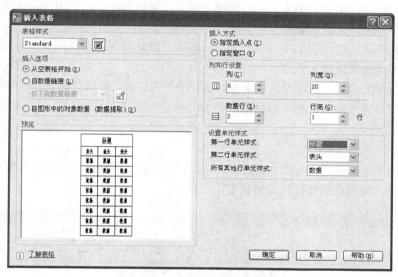

图 6-22　"插入表格"对话框

"插入表格"对话框各选项说明如下。

- "表格样式"选项组。按选定表格样式创建表格。单击下拉列表旁边的按钮，用户可以创建新的表格样式。

- "插入选项"选项组。指定插入表格的数据来源。

"从空表格开始"选项创建手动填充数据的空表格；

"从数据链接"选项引用外部电子表格中的数据创建表格；

"自图形中的对象数据（数据提取）"选项启动"数据提取"向导，提取当前文件属性数据创建表格。

- 预览。显示当前表格样式的样例。

- "插入方式"选项组。指定表格位置。

"指定插入点"选项指定表格左上角的位置。可以使用定点设备，也可以在命令提示下输入坐标值。如果表格样式将表格的方向设置为由下而上读取，则插入点位于表格的左下角。

"指定窗口"选项指定表格的大小和位置。可以使用定点设备，也可以在命令提示下输入坐标值。选定此选项时，行数、列数、列宽和行高取决于窗口的大小以及列和行设置。

● "列和行设置"选项组。

"列"选项。指定列数。选定"指定窗口"选项并指定列宽时，"自动"选项将被选定，且列数由表格的宽度控制。在本例中，将列数设为6。

"列宽"选项。指定列的宽度。选定"指定窗口"选项并指定列数时，则选定了"自动"选项，且列宽由表格的宽度控制。最小列宽为一个字符。在本例中，将列宽设为20。

"数据行"选项。指定数据行行数。带有标题行和表头行的表格总行数为数据行行数+2。在本例中，将数据行行数设为2。

"行高"选项。按照行数指定行高。单元真实行高基于文字高度和单元边距确定，这两项均在表格样式中设置。在本例中，将行高设为1。

● "设置单元样式"选项组。

第一行单元样式：指定表格中第一行的单元样式。默认情况下，使用标题单元样式。在本例中，将第一行单元样式更改为数据。

第二行单元样式：指定表格中第二行的单元样式。默认情况下，使用表头单元样式。在本例中，将第二行单元样式更改为数据。

所有其他行单元样式：指定表格中所有其他行的单元样式。默认情况下，使用数据单元样式。

按上述过程设置"插入表格"对话框，单击"确定"按钮，AutoCAD 提示如下。

```
命令: _table
指定插入点:
```

对于自上而下的表格，插入点为表格左上角点。如果表格需精确定位，可先插入到适当位置，再执行移动命令，使用对象捕捉模式精确定位表格。

图 6-23　插入后的表格

2．编辑表格

插入后的表格如图 6-23 所示，此时左上角第一个单元格处于活动状态，用户可以输入单元格内容。暂时不填写表格，先调整表格行高、边框宽度等属性以满足设计要求。

在表格外空白处单击左键，取消表格输入状态。

选择菜单"修改→特性"，显示"特性"窗口。

（1）调整单元格行高。

在表格左上角第一个单元格中按下左键不放，移动光标到右下角最后一个单元格松开左键，选中全部单元格。

在"特性"窗口中将"单元高度"由"多种"修改为8，回车，可以看到，实际单元高度为9，如图 6-24 所示。这是因为单元格设定字高与垂直单元边距之和大于 8 的缘故，因此，必须在改变单元字高或垂直单元边距基础上设定行高。

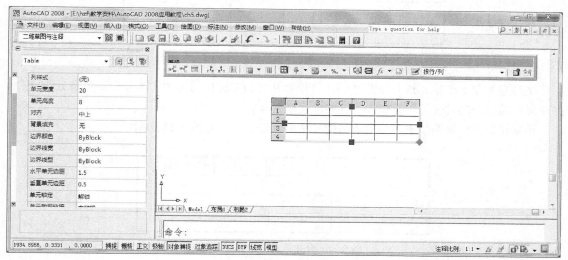

图 6-24　调整单元格行高

在"特性"窗口中将所有单元格"垂直单元边距"设为 0.5，再重新将单元高度设为 8。

（2）调整单元格边框特性。

保持所有单元格处于被选中状态，单击"表格"工具条上的"单元边框"按钮，弹出"单元边框特性"对话框，如图 6-25 所示。

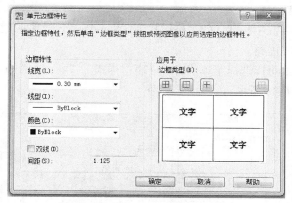

图 6-25　"单元边框特性"对话框

在"单元边框特性"对话框中，设置边框特性线宽为 0.3mm，再单击"边框类型"下的"外边框"按钮，单击"确定"按钮，表格的外边框被设置为宽度等于 0.3mm 的粗实线。

（3）设置单元格对正方式。

保持所有单元格处于被选中状态，选择"表格"工具条上"对齐方式"按钮下的"正中"菜单。

（4）合并单元格。

在屏幕空白处指定一点，取消表格选择，结果如图 6-26 所示。注意：如果表格边框没有显示粗实线，是因为状态行显示宽度按钮没有打开的缘故。

	·			

图 6-26　设置单元格边框线宽和对正方式后的表格

选择左上角 6 个单元格（与步骤（1）选择单元格的方法相同），在"表格"工具条上选择"合并单元"按钮中的"全部"菜单，将这些单元格合并。

用同样的方法合并位于表格右下角的 6 个单元格，结果如图 6-27 所示。

		比例	材料	图号
绘图			南京邮电大学	
审核				

图 6-27　合并单元格并输入文字

（5）输入单元内容。

选择相应的单元格，按图 6-27 输入单元文字。输入过程中可以使用键盘上的箭头键、Tab 键或鼠标左键切换输入焦点。

（6）修改单元文字高度。

选择合并后的表格右下角单元格，通过"特性"窗口将文字高度设为 6。

3．定义或修改表格样式

在"插入表格"对话框中，默认的表格样式为"Standard"，这表明用户可以设计自己的表格样式，以满足不同的工程需要。

定义或修改表格样式可以选择菜单"格式→表格样式"，执行 TableStyle 命令，通过"表格样式"对话框进行，如图 6-28 所示。

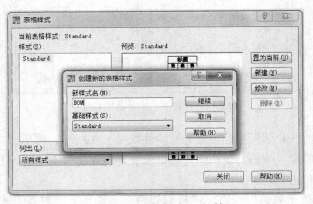

图 6-28　"表格样式"对话框

在"表格样式"对话框中，单击"新建"按钮，弹出"创建新的表格样式"对话框，输入新样式名为"BOM"，单击"继续"按钮，弹出"新建表格样式：BOM"对话框，如图 6-29 所示。在"新建表格样式"对话框中，可以对表格样式的标题、表头、数据进行设置。

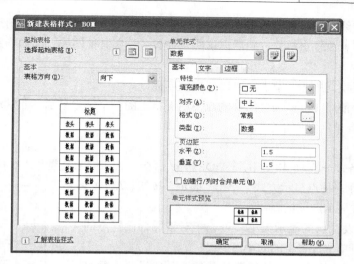

图 6-29 "新建表格样式"对话框

- 表格方向。可以选择向上或向下（默认是向下的）。在工程图样中，表示图纸零部件组成的材料表（BOM）通常是向上的。
- 单元格"基本"特性设置。包括填充颜色，对齐方式，格式，类型，单元格边距等。
- 单元格"文字"特性设置。包括文字样式，文字高度，文字颜色，文字角度等。
- 单元格"边框"特性设置。包括线宽及其应用范围，线型及其应用范围，颜色及其应用范围等。

在实际应用中，不同表格的特性可能会有较大的区别，很难用某种表格样式适应不同的需要，建议读者通过"特性"窗口或"表格"工具条灵活调整表格单元格特性。

可将复杂的表格拆分为多个简单的表格，然后组合在一起。例如，在绘制图 2-32 所示图纸标题栏时，可将标题栏表格拆分成如图 6-30 所示的 4 个表格，然后利用移动命令将它们组合在一起。

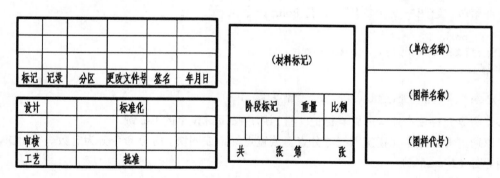

图 6-30 分解复杂表格

6.13　点标记与图线等分

命令：Point、Divide、Measure。

菜单：绘图→点→单点，绘图→点→多点。

与射线、构造线类似，在工程图样中，点通常也用于参考，以确定特定图形符号的位置，如可以在图线等分点上放置点符号，然后以这些点为参考绘制其他图线。图形绘制完成后，通常应删除这些点标记。

选择对象捕捉模式中的"节点"可以捕捉到点标记。

默认情况下，使用 Point 命令绘制的点使用屏幕上的一个像素显示，非常难以分辨，因此，AutoCAD 提供了点显示方式命令。

1. 点样式

选择菜单"格式→点样式"，执行 DDPType 命令，AutoCAD 弹出"点样式"对话框，如图 6-31 所示。选择一种点显示方式，单击"确定"按钮，AutoCAD 以用户选择的样式显示点标记。

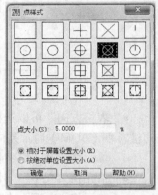

图 6-31   "点样式"对话框

● 点大小。设置点的显示大小。可以相对于屏幕设置点的大小，也可以用绝对单位设置点的大小。

● 相对于屏幕设置大小。按屏幕尺寸的百分比设置点的显示大小。当进行缩放时，点的显示大小并不改变（但有时需要执行重生成命令）。

● 按绝对单位设置大小。按"点大小"下指定的实际单位设置点显示的大小。进行缩放时，显示的点大小随之改变。

2. 单点命令

选择菜单"绘图→点→单点"，执行 Point 命令。

```
命令: _point
当前点模式: PDMODE=35  PDSIZE=0.0000
指定点:
```

用户放置一个点标记后命令自动结束。

3. 多点命令

选择菜单"绘图→点→多点"，执行 Point 命令。

```
命令: _point
当前点模式: PDMODE=35  PDSIZE=0.0000
指定点:
……
指定点:
```
（只有按键盘上退出（Esc）键才能结束多点命令）

多点命令允许用户连续放置点标记，直到用户按下键盘上的 Esc 键。

可以通过等分命令在指定图线等分点上放置点标记或图块。等分命令分为定数等分（Divide）和定距等分（Measure）。

4. 定数等分

下面的过程在 6.10 节 $y=50\sin2x$ 图像坐标轴上绘制刻度线。

（1）打开 6.10 节创建的图形文件 50sin2x.dwg。

（2）选择菜单"格式→点样式"，执行 DDPType 命令，在"点样式"对话框中将点样式设为第 2 行，第 4 列所示型式"⊗"，如图 6-31 所示。

（3）选择菜单"绘图→点→定数等分，执行 Divide 命令。

```
命令: _divide
选择要定数等分的对象: 选择 x 轴
```

输入线段数目或[块(B)]：输入 20，回车

结果如图 6-32（a）所示，AutoCAD 在直线 20 等分点上放置点标记（2 个端点处不放置）。

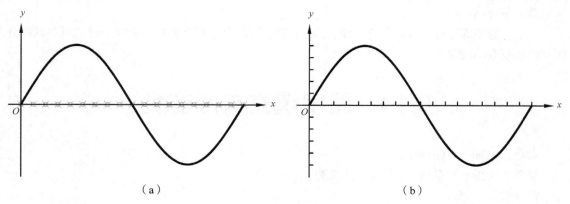

（a）　　　　　　　　　　　　　　（b）

图 6-32　等分图线

可以使用图块代替图线等分点上的点标记。这种方法在工程图样中有广泛的应用。

（4）选择菜单"编辑→放弃（U）定数等分"。

（5）首先定义图块。选择菜单"绘图→直线"，执行 Line 命令。

令：_line
指定第一点：在屏幕适当位置指定一点
指定下一点或[放弃(U)]：打开正交，光标上移，当橡皮筋线指示为竖直方向时输入 3，回车
指定下一点或[放弃(U)]：回车，结束命令

选择菜单"绘图→块→定义"，执行 Block 命令，在"块定义"对话框中，设置块名称为"Scale"，设置基点为短直线的下端点，指定对象为短直线，并选中"删除"选项。单击"确定"按钮，完成图块定义。

（6）选择菜单"绘图→点→定数等分"，执行 Divide 命令。

命令：_divide
选择要定数等分的对象：选择 x 轴
输入线段数目或[块(B)]：输入 b，回车
输入要插入的块名：输入 scale，回车
是否对齐块和对象？[是(Y)/否(N)] <Y>：回车
输入线段数目：输入 20，回车

采用同样的方法等分 y 轴，操作结果如图 6-32（b）所示。

　　等分 y 轴时，刻度线可能位于 y 轴左侧。将此作为一个思考题，交由读者思考并解决。

5. 定距等分

定距等分将点标记或块放置在对象上指定间隔处。

定距等分命令执行过程与定数等分命令类似，只是"输入线段数目"变成了"指定线段长度"。

选择菜单"绘图→点→定距等分"，执行 Measure 命令。

命令：_measure
选择要定距等分的对象：

指定线段长度或[块(B)]: b
输入要插入的块名: scale
是否对齐块和对象？[是(Y)/否(N)] <Y>:
指定线段长度: 5

定数、定距等分命令可以等分直线、圆、圆弧、多段线、样条曲线等对象。读者可尝试等分圆周绘制仪表刻度盘。

6.14 图案填充与渐变色

命令：BHatch、Gradient。

菜单：绘图→图案填充，绘图→渐变色。

命令缩写：BH。

1. 图案填充

图案填充是使用预定义图案填充封闭区域，如图 6-33 所示的齿轮剖面符号。

下面通过绘制六角螺母剖面线讲述图案填充的过程和注意事项。

（1）按图 6-34 所示尺寸绘制六角螺母。

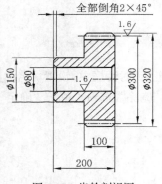

图 6-33 齿轮剖视图

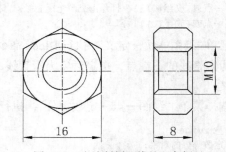

图 6-34 未绘制剖面线的六角螺母

（2）选择菜单"绘图→图案填充"，执行 BHatch 命令，AutoCAD 弹出如图 6-35 所示"图案填充和渐变色"对话框。

（3）单击"图案"下拉列表框旁的"..."按钮，AutoCAD 弹出"填充图案选项板"对话框，如图 6-36 所示。在"ANSI"选项卡中选择"ANSI31"图标，单击"确定"按钮，返回"图案填充和渐变色"对话框。

（4）单击"边界"标签下方的"添加：拾取点"按钮，"图案填充和渐变色"对话框隐藏，指定图 6-37 所示的 4 个点（必要时应放大图形），形成 4 个封闭区域，回车，返回"图案填充和渐变色"对话框。

（5）单击"预览"按钮，对话框隐藏，图形中出现预填充的图案，如果满足要求，则可以按回车键接受填充结果，并且结束命令。否则，按 Esc 键，返回"图案填充和渐变色"对话框，用户可以调节图案填充的角度和比例，再次单击"预览"按钮，直到图案满足应用要求为止。本例中，"比例"设为 0.5 较为适宜。

图 6-35　"图案填充和渐变色"对话框

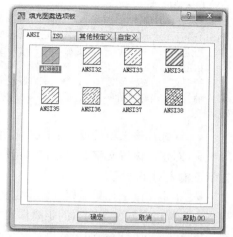

图 6-36　"填充图案选项板"对话框

绘制完成的六角螺母视图如图 6-38 所示。

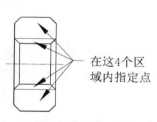

图 6-37　指定填充区域

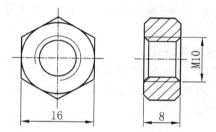

图 6-38　绘制了剖面线的六角螺母

2. 渐变色

渐变色命令与图案填充命令类似，只是填充图案变成渐变的颜色而已。

6.15　文字及文字样式

命令：DText，Text（MText）。

菜单：绘图→单行文字，绘图→多行文字。

在工程图样中，文字用来书写技术要求或注释用图形难以表述清楚的内容。AutoCAD 为用户提供了两种书写文字的命令：单行文字和多行文字。

1. 单行文字

单行文字命令（DText）用来书写只有 1 行且无特殊格式要求的文本。在单行文字命令执行过程中，可连续书写多行文字，但每一行文字被作为独立图形对象处理。输入文字时，可以随时使用鼠标指定一点，作为一个单行文字的起点。

选择菜单"绘图→单行文字"，执行 DText 命令。

命令：_dtext
当前文字样式："Standard" 文字高度：8.0000 注释性：否
指定文字的起点或[对正(J)/样式(S)]：指定文字起点，或输入对正方式选项。此处输入 j，显示对正方式提示
输入选项
[对齐(A)/调整(F)/中心(C)/中间(M)/右(R)/左上(TL)/中上(TC)/右上(TR)/左中(ML)/正中(MC)/右中(MR)/左下(BL)/中下(BC)/右下(BR)]：输入对正方式选项，如输入 mc，表示采用"正中"对正方法书写
指定文字的中间点：（此提示对应"MC"选项）
指定高度 <8.0000>：输入文字高度，如果指定点，则将指定点与文字起点距离作为文字高度
指定文字的旋转角度 <0>：输入文字旋转角度，如果指定点，则将指定点与文字起点连线方向作为文字旋转角度
输入文本内容，回车一次，继续输入下一行，回车 2 次，结束命令，用左键指定其余位置，则在该指定位置书写文字。

- 样式。该选项设置文字样式，用户只能选择已经使用 Style 命令创建的文字样式。
- 对正。设置文字对正方式。用户可以直接在"指定文字的起点或[对正（J）/样式（S）]"提示下输入对正方式。
- 指定高度。如果需要精确设定文字高度，请输入高度数值；如果单击左键，AutoCAD 使用当前光标位置与文字起点的距离作为文字高度，因此不要随便单击左键，特别是在以"调整"对正方式书写文字时；如果欲书写文字高度与默认高度相同（尖括号内数值），直接回车即可。
- 指定文字的旋转角度。默认字头竖直向上为 0°方向。如果需要精确设定文字旋转角度，请输入角度数值；如果单击左键，AutoCAD 使用当前光标位置与文字起点连线方向作为文字旋转角度，因此不要随便单击左键；如果欲书写文字旋转角度与默认角度相同（尖括号内数值），直接回车即可。

2. 定义文字样式

选择菜单"格式→文字样式"，执行 Style 命令，在弹出的"文字样式"对话框中，可新建文字样式，将某种文字样式设为当前样式，或对某种文字样式的字体、大小、效果进行设置，如图 6-39 所示。

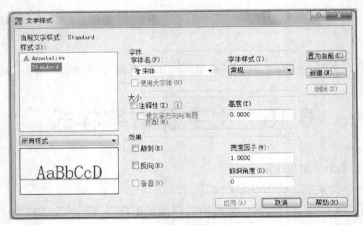

图 6-39 "文字样式"对话框

- 新建。以选中样式为样板创建新文字样式。
- 字体。以 Acadiso.dwt 为样板创建的 AutoCAD 图形文档的默认文字样式为 Standard，它使用大字体文件（AutoCAD 定义的矢量文字）gbcbig.shx 作为中文字体，txt.shx 文件作为西文字体。

在计算机软硬件处理能力日益强大的今天，一般可以使用 Windows 中 Truetype 字体，即取消"使用大字体"选项，选择一种 Truetype 字体作为文字样式的字体。当一幅图形文件中含有大量的 Truetype 文字时，系统反应速度可能明显减慢，因此，一般应在绘图的最后阶段书写文字。

● 高度。默认情况下，"文字样式"对话框中文字的高度被设为 0，这意味着在使用该样式书写单行文字时，AutoCAD 必定提示输入文字高度。如果"文字样式"对话框中设置文字高度不等于 0，则使用该样式书写单行文字时不再提示输入文字高度，而使用该高度作为默认高度。

● 效果。可以为文字设置颠倒和反向效果，或根据实际情况设置宽度因子和倾斜角度，如图 6-40 所示。

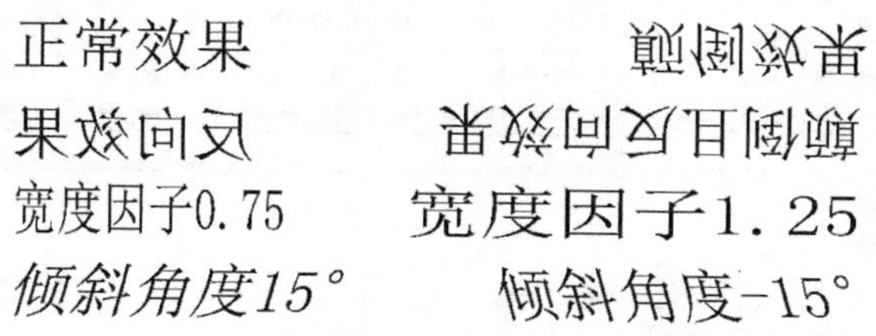

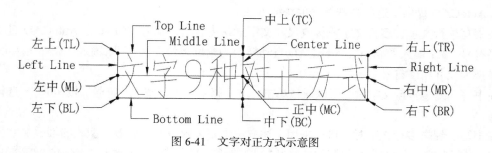

图 6-40　文字效果示意图

特殊效果只在特殊情形下使用，因此一般通过"特性"窗口设置文字的特殊效果。

● 置为当前。将选定文字样式设为当前样式，默认情况下，AutoCAD 使用当前文字样式书写文字。

3. 文字对正方式。

AutoCAD 为单行文字提供了 11 种对正方式，其中 9 种对正方式分别对应于单行文字上的 9 个特征点，如图 6-41 所示。

图 6-41　文字对正方式示意图

如图 6-41 所示，可以认为一个单行文字位于一个矩形框内，在这个矩形框内绘制等分矩形的水平线和竖直线，这样就有了 6 根线，分别为 Top Line，Middle Line，Bottom Line，Left Line，Center Line，Right Line。这 6 根线的交点分别记为 TL（左上），TC（中上），TR（右上），ML（左中），MC（正中），MR（右中），BL（左下），BC（中下），BR（右下），分别对应单行文字的 9 种对正方式。所谓对正的含义是，当文字长度发生变化时，输入的文字起点（对正点）是不变的。例如，文字的对正方式为 TR，则当文字长度发生变化时，文字的右上角点位置始终不变。

另外两种对正方式为调整和对齐。

调整的对正方式需指定两点和文字高度，不管文字长短，保持文字高度不变，通过自动调整文字的宽高比使文字始终位于指定两点之间。

对齐的对正方式只指定两点，不管文字长短，通过自动调整文字的高度使文字始终位于指定两点之间，文字的宽高比不变。

读者可自行验证上述各种文字对正方式。

4. 多行文字

当文字注释内容分为多行，且有复杂的格式要求时，可使用多行文字命令 Text（或 MText）。多行文字命令允许用户像 Word 一样对文本进行编辑，如图 6-42 所示。

书写多行文字需指定一个矩形区域用于编辑文本，在文本编辑过程中，可通过"文字格式"工具条对文字格式进行编辑，也可通过该工具条输入工程图样中特有的特殊字符。

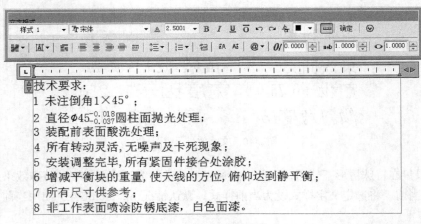

图 6-42　书写编辑多行文字

5. 特殊字符输入方式

在工程图样中经常使用诸如直径符号"ϕ"，角度单位符号"°"，尺寸精度符号"±"等特殊符号，AutoCAD 提供了这些特殊符号的快捷方式。

在书写单行文字、多行文字或修改尺寸文字默认内容时，输入"%%c"，AutoCAD 自动转换为直径符号"ϕ"；输入"%%d"，AutoCAD 自动转换为角度单位符号"°"；输入"%%p"，AutoCAD 自动转换为尺寸精度符号"±"。

在书写、编辑多行文字时，可以通过单击"文字格式"工具条上"符号"按钮 @▼ 选择相应的符号。

在书写、编辑多行文字时，可以采用下述方法书写极限偏差、分数等型式的堆叠文字。

（1）书写形式如 $\phi 45_{-0.037}^{-0.018}$ 的极限偏差符号方法。在多行文字编辑框中输入"%%c45-0.018^-0.037"，"%%c"自动转化为"ϕ"，用鼠标选择"-0.018^-0.037"，单击"文字格式"工具条上"堆叠"按钮 ╬。

（2）书写形式如"$4-\dfrac{3}{7}$"的分数方法。在多行文字编辑框中输入"4-3/7"，用鼠标选择"3/7"，然后单击"文字格式"工具条上"堆叠"按钮 ╬。

（3）书写形式如"$4-{}^{3}\!/{}_{7}$"的分数方法。在多行文字编辑框中输入"4-3#7"，用鼠标选择"3#7"，然后单击"文字格式"工具条上"堆叠"按钮 ╬。

不能直接修改堆叠文字内容，必须选择堆叠文字，单击"堆叠"按钮，取消堆叠，然后修改堆叠文字内容，最后再将它们转换为堆叠文字。

练 习 6

1. 绘制图 6-43～图 6-46 所示各平面图形并标注尺寸、书写技术要求，使用图层管理图线特性。

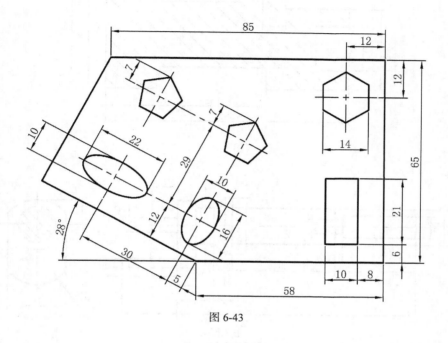

图 6-43

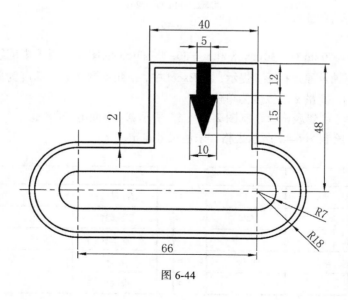

图 6-44

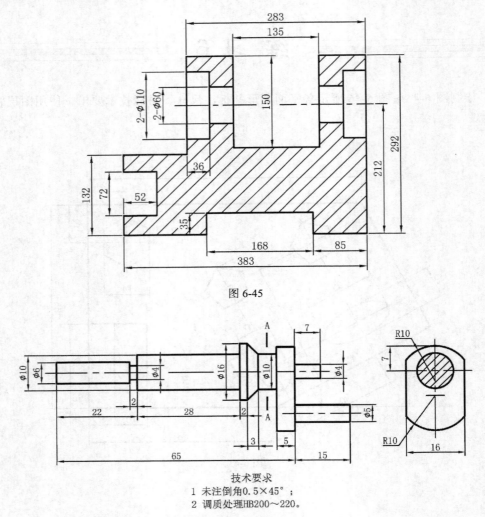

图 6-45

图 6-46

技术要求
1 未注倒角0.5×45°；
2 调质处理HB200～220。

2. 绘制函数 $y = 50\sin 3x + 30\cos 5x$ 和 $y = 50e^{-0.6x}\sin 5x$ 的图像。要求规范绘制坐标轴及其箭头、刻度，书写坐标轴及原点标签。提示：在 Excel 中，三角函数参数以弧度为单位，指数函数 e^x 的表达式为 exp（x），变量 x 以弧度为单位。

3. 使用表格命令创建表格，绘制图 2-32（a）所示 A4 幅面电子图纸。

4. 按图示尺寸绘制图 6-47 所示表格，未注尺寸自定。

法向模数	m	1
齿数	z	30
径向变位系数	X	
精度等级		8-Dc
公法线长度	F	

金属材料		
工程塑料		
胶合板		
木材		
混凝土		

图 6-47

5. 绘制图 6-48 所示齿轮图样。

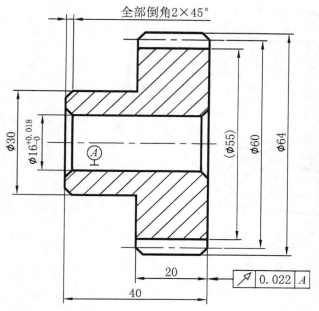

法向模数	m	2
齿数	z	20
齿形角	α	20°
齿顶高系数	h	1
螺旋角	β	0°
径向变位系数		0
公法线长度		$22.9812_{-0.168}^{-0.112}$
跨测齿数		3
精度等级		7GJ
齿轮副中心距及其极限偏差		270±0.0405
齿圈径向跳动公差		0.036
公法线长度变动公差		0.028
齿形公差		0.011
基节极限偏差		±0.013
齿向公差		0.011

图 6-48

6. 按图示尺寸绘制图 6-49～图 6-53 所示图形并标注尺寸，使用图层管理图线特性。

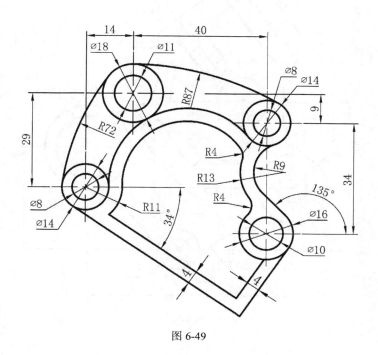

图 6-49

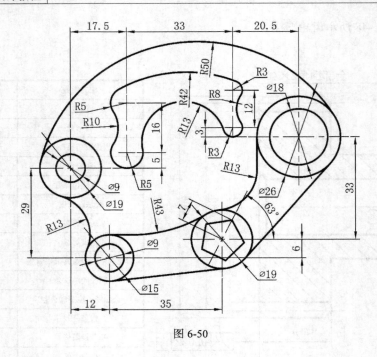

图 6-50

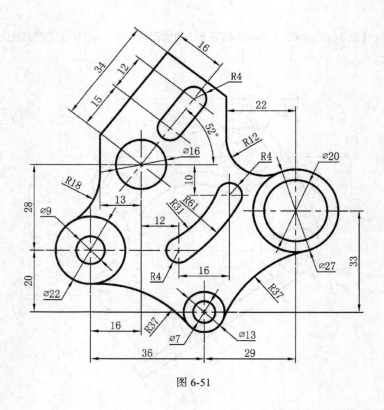

图 6-51

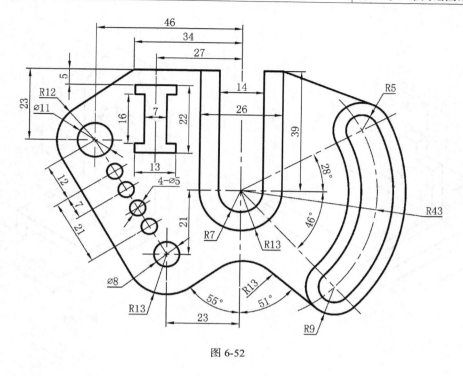

图 6-52

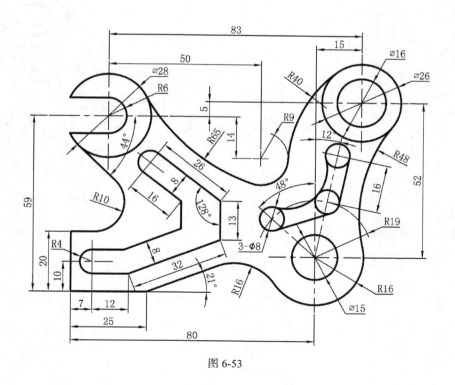

图 6-53

7. 按图示尺寸绘制图 6-54～图 6-57 所示轴测图。

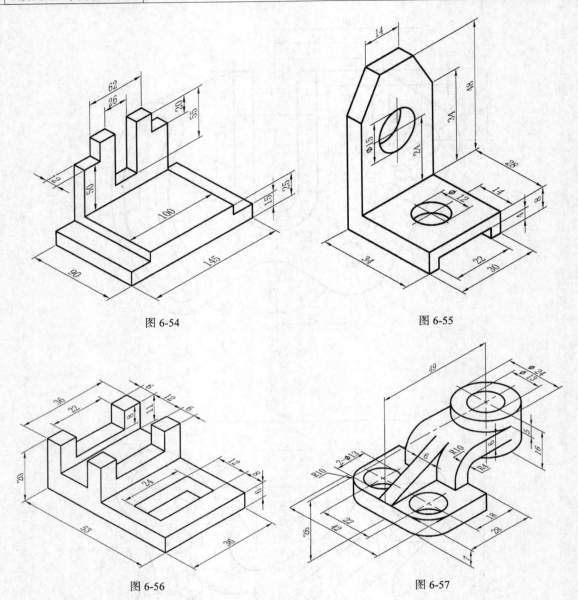

图 6-54

图 6-55

图 6-56

图 6-57

8. 书写图 6-42 所示多行文字。

第7章
常用修改命令详解

编辑、修改功能好坏是最能反映应用软件使用性能的指标，这一点在 CAD 应用软件上表现得尤为突出。AutoCAD 正是凭借其强大方便的编辑、修改功能占据了二维 CAD 应用软件市场的主导地位。

事实上，本书前面章节中已经大量使用了常用修改命令的常用功能，如复制、删除、偏移、修剪、圆角、特性等。因为没有这些命令，AutoCAD 将变得一无是处，不使用这些命令，本书就无法编写。因此本章可以看作是对修改命令的归纳和延伸。熟练掌握 AutoCAD 修改命令，对于设计过程可起到事半功倍的效果。

7.1 选择集构造

修改图形对象时，AutoCAD 提供 2 种操作模式：先选择对象，再执行命令；或者先执行命令，再选择对象。

比如，执行删除操作时，可先选择欲删除的对象，然后选择菜单"修改→删除"，执行 Erase 命令，被选择的对象就被删除，AutoCAD 不提示"选择对象"。也可以先选择菜单"修改→删除"，执行 Erase 命令，AutoCAD 将在命令提示行显示"选择对象"提示，提示用户选择欲删除的对象。

不同的修改命令对预选择对象的处理方式是不同的。大多数修改命令只需构造一个选择集，如删除、移动、复制等命令。但是也有的命令需要构造 2 个以上的选择集，如修剪命令或延伸命令，它们需要先构造一个选择集作为剪切边或延伸边界，因为只有这样才能实现图线的修剪或延伸。在这种情况下，用户的预选对象作为剪切边或延伸边界使用。

几乎所有的修改命令都需要选择被修改的对象。准确且快速地选择图形对象对于提高绘图效率、降低错误发生的概率是十分重要的。为此 AutoCAD 提供了多种构造选择集的方法。所谓选择集，此处指用户响应"选择对象"提示而选择的图形对象的集合。

构造选择集的各种方法隐含在"选择对象"提示中，一般情况下是不显示的，但是用户可以如同响应所有其他命令一样直接输入这些选项引导 AutoCAD 按用户要求完成操作。

显示构造选择集的方法是在"选择对象"提示下输入错误的选项，如"?"，然后回车，参见下述过程。

选择对象：输入?，回车
无效选择
需要点或窗口(W)/上一个(L)/窗交(C)/框(BOX)/全部(ALL)/栏选(F)/圈围(WP)/圈交(CP)/编组(G)/添加(A)/删

除(R)/多个(M)/前一个(P)/放弃(U)/自动(AU)/单个(SI)/子对象/对象

构造选择集常用方法解释如下。

- 需要点。点选图线，即将光标移动到图形对象上单击左键选择该对象。
- 上一个（L）。最后生成的图形对象。
- 窗口（W）。使用"窗口"方式响应"选择对象"提示的方法是，先将光标移到屏幕空白处单击左键指定一点，再将光标右移，可以看到一个动态的细实线矩形框，在适当位置单击左键，则只有全部被这个矩形框包围的图线才被选中，如图 7-1 所示。该图中，标有"×"的 8 个图线被选中，因为只有这 8 个图线全部位于矩形框中。这种方式一般称为"窗选"。

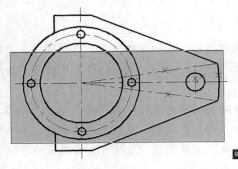
图 7-1 "窗选"构造选择集

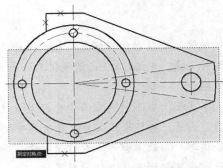
图 7-2 "窗交"构造选择集

- 窗交（C）。使用"窗交"方式响应"选择对象"提示的方法是，先将光标移到屏幕空白处单击左键指定一点，再将光标左移，可以看到一个动态的虚线显示的矩形框，在适当位置单击左键，则任何全部或部分位于这个矩形框中的图线都被选中，如图 7-2 所示。在该例中，只有标有"×"的 4 个图线未被选中，因为只有这 4 个图线全部位于矩形框外。这种方式一般称为"窗交"。

- 全部（ALL）。该选项选择当前图形中的所有对象（冻结和锁定图层上图线除外）。如果当前操作涉及当前图形中的大多数对象，就可以用"ALL"响应"选择对象"提示，然后用后面所述的相关方法剔除不需要的对象。

- 栏选（F）。使用"F"响应"选择对象"提示，AutoCAD 提示用户输入栏选点，形成一系列首尾相接的折线，凡是与这些折线相交的图形对象全部被选中。

- 圈围（WP）。使用"WP"响应"选择对象"提示，AutoCAD 提示用户输入一系列点，构造生成一个多边形，只有被这个多边形全部包围的对象才被选中，类似于窗选。

- 圈交（CP）。使用"CP"响应"选择对象"提示，AutoCAD 提示用户输入一系列点，构造生成一个多边形，任何对象只要有部分位于这个多边形中就被选中，类似于窗交。

- 删除（R）。使用"R"响应"选择对象"提示，表示从当前选择集中移除不需要的对象。如可以先用"ALL"响应"选择对象"提示，选择当前图形中全部对象，然后使用"R"响应"选择对象"提示，可以从选择集中剔除少部分对象。可以使用前述各种选择对象方式，如点选、窗选、窗交等，选择剔除对象。

- 添加（A）。与删除（R）选项相反，该选项使用户可以添加新对象到当前选择集中。

- 前一个（P）。选择前一个编辑命令执行过程中选择的对象。如选择某些对象完成一次复制操作后，立即执行移动命令，在"选择对象"提示下，输入"P"进行响应，AutoCAD 就选择上一次复制命令中选择的那些对象。前一个选择集不是一定存在的，如果前一次执行的是删除命令，就不存在前一个选择集，因为选择集中的对象已被删除，选择集空了。

7.2　快速编辑图形

使用界标（或称夹点）可对图形进行快速编辑。

在"命令"提示下（即没有执行任何命令时）选择图形对象（锁定图层上的图线例外），均会在相应的图线上出现蓝色正方形小框，称为界标或夹点。用鼠标单击界标，界标变成红色，移动光标，到新的位置按下鼠标左键，可以实现图形的快速编辑。确定界标新位置时可使用 AutoCAD 提供的任意一种点输入方法。

按住 Shift 键不放，可同时选择多个界标，选中的界标以红色显示。选择了多个界标后，松开 Shift 键，再选择其中的任意一个红色界标，可实现对多个对象的同时编辑。

图形对象通过界标编辑后，界标依然保留，可继续使用界标编辑。按键盘上 Esc（退出）键可以清除所有界标。

不同图形对象的界标位置和数量是不同的。下面归纳常用图形对象的界标位置和数量，以及可实现的编辑内容。

1.　直线

选择直线，AutoCAD 在直线的两个端点和中点处显示界标。选择端点处界标可以改变端点位置，选择中点处界标可以移动直线。选择界标后移动鼠标位置时，按下键盘上的 Ctrl 键，再按下鼠标左键，可以保留原直线，实现复制功能。

2.　圆

选择圆，AutoCAD 在圆心和四个象限点上显示界标。选择圆心界标可移动或复制圆，选择象限点界标，可改变圆的半径或创建同心圆。

3.　圆弧

选择圆弧，AutoCAD 在圆弧上显示 7 个界标，分别是位于圆心、圆弧端点、中点处的 4 个方形界标和位于圆弧端点、中点处的 3 个三角形界标，如图 7-3 所示。

（1）选择圆心处界标可移动或复制圆弧。

（2）选择端点处方形界标改变该端点位置，圆弧半径、圆心位置都发生改变。

（3）选择圆弧中点处方形界标，改变圆弧半径，圆心位置发生变化。

（4）选择圆弧端点处三角形界标，仅改变该端点位置，圆弧半径、圆心、另外一个端点均不变，用该方法可方便地延长圆弧，如图 7-3 所示。

（5）选择圆弧中点处三角形界标，可改变圆弧半径，圆弧角度、中心位置保持不变。

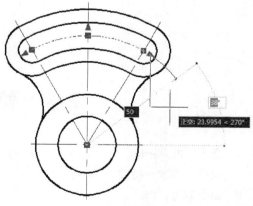

图 7-3　圆弧界标

4.　多线

选择多线，只在多线的每一段端点处（绘制多线时的输入点）显示界标。

5.　多段线

选择多段线，在多段线中直线段的两个端点处以及圆弧段的端点和中点处显示界标。

6. 样条曲线

样条曲线在控制点（绘制样条曲线时的输入点）上显示界标，通过界标可以调节样条曲线形状。

7. 椭圆

选择椭圆，将在椭圆的圆心和两个轴的端点上显示界标。

8. 块

选择图块，AutoCAD 在图块插入点处显示界标。如果块中含有未锁定位置的属性，则该属性插入点处也显示界标，通过该界标可以改变属性文字的放置位置。

9. 表格

选择表格，AutoCAD 在表格相应位置显示方形和三角形两种界标，通过它们可以改变单元格宽度、高度等属性，读者可以通过试验归纳总结不同位置界标的作用。

10. 单行文字

单行文字在文字的左下角点和对正点（书写文字时输入的点）显示界标，这两个界标的作用是相同的。

11. 多行文字

多行文字在四个角点显示界标，通过它们可以改变多行文字的位置和换行状态等。

12. 尺寸标注

选择尺寸标注，AutoCAD 在尺寸界线原点、尺寸线端点、尺寸文字插入点显示界标。

通过界标，结合对象捕捉、正交等功能，可以完成移动、复制、修剪、延伸、偏移、旋转等修改功能。图 7-4 显示了运用界标将图（a）编辑成图（b）的情形。

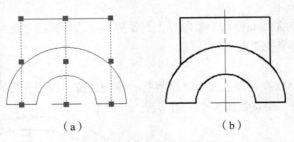

（a）　　　　　　　　（b）

图 7-4　使用界标快速编辑图形

7.3　修改对象特性

命令：Properties。

菜单：修改→特性。

命令缩写：PR。

快捷键：Ctrl+1。

任何图形对象都具有两方面的特性：物理逻辑特性与几何特性，均可以通过特性命令在"特性"窗口修改。

选择菜单"修改→特性"，执行 Properties 命令，AutoCAD 显示"特性"窗口。"特性"窗口一般位于绘图区的左侧。

默认情况下，"特性"窗口显示使用"绘图"菜单命令生成的新图形对象特性，即颜色、图层、线型、线宽等，分别称为当前颜色、当前图层、当前线型和当前线宽。

当用户选择了多个不同类型的图形对象时，"特性"窗口显示这些图形对象的共同特性，如它们的颜色、图层等，如果这些共同特性的值是不一样的，则在"特性"窗口中以"多种"显示。利用"特性"窗口，可以将不同对象的这些特性修改为一致。

当用户选择了多个同一类型的对象时，"特性"窗口不仅显示它们的逻辑特性，还显示它们共同的几何特性。

只选择了一个图形对象时，"特性"窗口显示该对象所有可能的特性，并允许用户通过"特性"窗口修改所有可以修改的内容。例如，用户选择了一个圆，AutoCAD 不仅允许用户修改圆心位置、半径或直径，甚至允许用户改变圆的周长或面积，并基于周长或面积计算重新设置半径。

如果选择了具有格式的复合对象，如文字、图案填充、表格、尺寸标注等，"特性"窗口显示复合对象格式信息，用户可以通过"特性"窗口调整对象格式。

7.4　特 性 匹 配

命令：MatchProp。

菜单：修改→特性匹配。

命令缩写：MA。

特性匹配类似于 Word 中的格式刷，是将指定对象（源对象）的逻辑特性、格式（样式）设置应用到其他对象（目标对象）。在操作过程中，用户只能选择一个对象作为源对象，可设置用于匹配的特性、格式种类。

选择菜单"修改→特性匹配"，执行 MatchProp 命令。

命令：matchprop

选择源对象：只能使用点选方式选择一个对象，如果预选了一个图线，则该提示不再显示

当前活动设置： 颜色图层 线型 线型比例 线宽 厚度 打印样式 标注 文字 填充图案 多段线 视口 表格材质 阴影显示 多重引线

选择目标对象或[设置(S)]：

特性匹配可以将已有图线的线宽、线型、格式等特性应用到同类型的图线上，而无需查询源对象具体特性值（如线宽大小），从而实现图形的快速编辑。

7.5　修改特殊图形对象

AutoCAD 为特定图形对象，如光栅图像、图案填充等，提供了专门的修改命令，它们位于"修改→对象"菜单下。

1. 修改外部参照

默认情况下，AutoCAD 不允许在当前图形中编辑外部参照，外部参照中定义的图层、文字样式等在当前图形中也不允许引用。

欲引用外部参照中的图层或其他设置，可以执行"修改→对象→绑定"命令，将这些设置绑

定到当前图形中。

2. 修改图像

AutoCAD 中允许在图形中插入光栅图像（菜单"插入→光栅图像参照"），用户可以对光栅图像进行一定的设置，包括以下内容。

（1）图像的亮度、对比度和褪色度。

（2）图像的质量。

（3）图像的透明模式。

（4）图像边框。有时候，光栅图像插入到 AutoCAD 图形中后，用户无法选择图像对其进行编辑，这是因为没有显示图像边框的缘故（AutoCAD 通过边框选择图像）。图像边框的显示模式有 3 种。

选择菜单"修改→对象→图像→边框"，执行 ImageFrame 命令。

```
命令：_imageframe
输入图像边框设置[0/1/2] <0>：输入 1，回车
```

- 设置 0：不显示和打印图像边框，此时不能选择任何光栅图像。
- 设置 1：显示并打印图像边框，该选项为默认选项。
- 设置 2：显示图像边框但不打印图像边框。读者可以想象，如果打印出的人的肖像有一个黑框将是多么地令人郁闷。

3. 修改图案填充

选择菜单"修改→对象→图案填充"，执行 HatchEdit 命令，AutoCAD 提示用户选择图案填充，重新弹出"图案填充和渐变色"对话框，用户可以重新调整图案填充属性，甚至可以重新定义填充边界。

双击图案填充对象时，系统自动执行修改图案填充命令，但不再提示用户选择图案填充。

图案填充的图案名、比例、角度等特性可以通过"特性"窗口修改。

4. 修改多段线

选择菜单"修改→对象→多段线"，或双击多段线，可对多段线进行如下修改：打开（或闭合）闭合（或开放）的多段线，将与之相连的另外直线或圆弧合并到当前多段线中，编辑不同顶点处的宽度，改变顶点位置，拟合生成曲线，拟合生成样条曲线，或将曲线化的多段线非曲线化。

5. 修改样条曲线

选择菜单"修改→对象→样条曲线"，或双击样条曲线，可对样条曲线进行如下编辑操作：修改拟合数据，使开放的样条曲线闭合，改变控制点位置，调整拟合精度等。

6. 修改多重引线

通过编辑多重引线，可为已经创建的多重引线添加引线，或从多重引线中删除引线，或使多个引线在水平或竖直方向处于对齐状态，或将不同引线的文本标注内容合并在一起。

下面的过程为图 5-27（a）所示的多重引线增加一个引线，以指示两个螺纹孔具有相同的参数。

选择菜单"修改→对象→多重引线→添加引线"。

```
命令：
选择多重引线：选择图中的多重引线标注
找到 1 个
指定引线箭头的位置：捕捉右侧螺纹孔中心
```

指定引线箭头的位置：回车，结束命令

结果如图 7-5（b）所示。

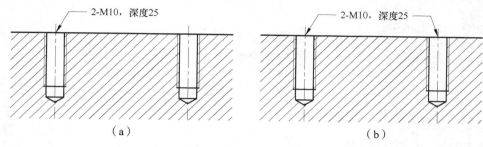

图 7-5　增加多重引线

选择菜单"修改→对象→多重引线→对齐"，执行 MLeaderAlign 命令，按下述过程对齐图 7-6（a）所示球标，使其如图 7-6（b）所示。

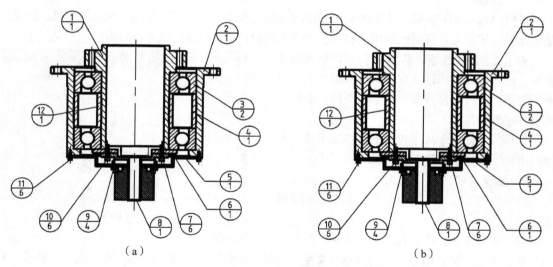

图 7-6　对齐多重引线标注

命令：_mleaderalign
选择多重引线：选择编号为 2 的球标
选择多重引线：回车，结束选择
当前模式：使用当前间距
选择要对齐到的多重引线或 [选项(O)]：选择编号为 1 的球标
指定方向：打开正交功能，移动光标，使橡皮筋线呈现水平时单击左键

命令：回车，重复对齐命令
MLEADERALIGN
选择多重引线：选择球标 2、4、5、6
找到 1 个，总计 4 个
选择多重引线：回车，结束选择
当前模式：使用当前间距
选择要对齐到的多重引线或 [选项(O)]：选择球标 3
指定方向：移动光标，使橡皮筋线呈现竖直时单击左键

命令：回车，重复对齐命令

MLEADERALIGN
选择多重引线：选择球标 6、7、9、10
找到 1 个，总计 4 个
选择多重引线：回车，结束选择
当前模式：使用当前间距
选择要对齐到的多重引线或[选项(O)]：选择球标 8
指定方向：移动光标，使橡皮筋线呈现水平时单击左键

命令：回车，重复对齐命令
MLEADERALIGN
选择多重引线：选择球标 10、11、1
找到 1 个，总计 3 个
选择多重引线：回车，结束选择
当前模式：使用当前间距
选择要对齐到的多重引线或[选项(O)]：选择球标 12
指定方向：移动光标，使橡皮筋线呈现竖直时单击左键

7. 修改属性

虽然 AutoCAD 在修改菜单中提供了修改属性的相关命令，但是使用起来比较繁琐。因此，建议读者直接双击含有属性的块，利用"增强属性编辑器"对块中属性进行编辑，参见图 7-7。

利用"增强属性编辑器"，不仅可以修改属性文本，还可以修改属性文字样式、对正方式、字高等特性，也可以修改属性文字的图层、颜色、线型等逻辑特性。

如果只是修改图块所包含的属性文本值，可选择图块，使用"特性"窗口操作。

图 7-7　"增强属性编辑器"对话框

8. 修改文字

与属性类似，建议使用更直接的方法编辑文字。

对于单行文字，用户可以双击文字，然后改变文本内容。

对于单行文字，用户可以选择单行文字，利用"特性"窗口改变文本内容，或文字样式、对正方式等特性。

对于多行文字，用户可双击多行文字，利用"文字"工具条直接修改文本内容和其他特性。

7.6　裁　剪　图　像

命令：ImageClip。

菜单：修改→裁剪→图像。

AutoCAD 允许用户裁剪图像、外部参照或布局中的视口，使其只有部分显示在屏幕上。

对象裁剪方式有矩形和多边形两种。矩形方式提示用户设置矩形区域，AutoCAD 只显示该矩形区域内的相关对象内容。多边形方式提示用户输入一系列点，构造一个多边形，AutoCAD 显示多边形区域内的对象内容。下面的过程对一幅图像进行多边形裁剪，如图 7-8 所示。

选择菜单"修改→裁剪→图像"，执行 ImageClip 命令。

命令：_imageclip

选择要剪裁的图像：选择图像

输入图像剪裁选项[开(ON)/关(OFF)/删除(D)/新建边界(N)] <新建边界>：输入 n，回车

输入剪裁类型[多边形(P)/矩形(R)] <矩形>：输入 p，回车

指定第一点：在飞机轮廓边缘指定一点

指定下一点或[放弃(U)]：在邻近第一点的飞机轮廓边缘处指定第 2 点

……（省略的提示中在飞机轮廓边缘依次指定点）

指定下一点或[闭合(C)/放弃(U)]：输入 c，回车

图 7-8　裁剪图像

图像裁剪命令常用于编辑在图形中插入的公司 Logo 等光栅图像。

7.7　删　　除

命令：Erase。

菜单：修改→删除。

命令缩写：E。

删除图形对象主要有 2 种操作模式：一是选择欲删除的图形对象，然后按键盘上的 Delete 键，或按 E 键后回车；二是选择菜单 "修改→删除"，执行 Erase 命令，然后选择欲删除的图形对象。

7.8　复　　制

命令：Copy。

菜单：修改→复制。

命令缩写：CO、CP。

复制命令是创建已有图形对象的副本，与 "编辑" 菜单中的 "复制" 命令是不同的，后者是将选定的图形对象复制到剪贴板（计算机临时分配的内存区域）中。

复制命令指定两点定义一个矢量，用于指示复制生成的对象移动的距离和方向。

复制命令的一般过程如下。

命令：_copy

选择对象：选择欲复制的对象，如果预先选择了对象，则不再提示 "选择对象"

选择对象：回车，结束选择

当前设置：复制模式 = 多个
指定基点或[位移(D)/模式(O)] <位移>：指定基点
指定第二个点或 <使用第一个点作为位移>：指定第二点

选项说明如下。

● 选择对象。选择欲复制的图线，可以使用 7.1 节讲述的任何方法构造选择集。如果执行复制命令前选择了图线，则不提示"选择对象"。

● 位移。该选项提示用户输入用单字节逗号隔开的 3 个数，表示复制生成对象相对于源对象在 x、y、z 三个方向移动的距离，其中 z 方向距离可省略。

● 指定基点。表示复制生成对象相对于源对象移动距离的参考点。

● 指定第二个点。该点与基点坐标差决定了复制生成对象相对于源对象在 x、y、z 三个方向移动的距离。

● 使用第一个点作为位移。使用基点坐标数值作为复制生成对象相对于源对象在 x、y、z 三个方向移动的距离。

● 模式。控制是否重复执行复制过程。默认复制模式为"多个"，该模式允许用户基于同一基点连续创建源对象副本。较新版本的 AutoCAD 才有此选项。

在执行复制操作时，应灵活运用对象捕捉模式进行精确复制。

可使用界标编辑功能实现复制命令功能。

图形间的图形对象复制可使用文件操作、剪贴板操作或图块操作，参见前面有关章节。

7.9 镜 像

命令：Mirror。
菜单：修改→镜像。
命令缩写：MI。
镜像命令沿指定对称轴翻转对象创建对称的镜像副本。

镜像对创建对称的对象非常有用，因为可以快速地绘制半个对象，然后将其镜像，而不必绘制整个对象。

镜像命令的执行过程中需指定两点，以设定镜像线。可以选择删除源对象或保留源对象。其一般执行过程如下。

命令：_mirror
选择对象：选择用于镜像的图形对象
选择对象：
指定镜像线的第一点：
指定镜像线的第二点：
要删除源对象吗？[是(Y)/否(N)] <N>：

默认情形下，镜像文字、属性和属性定义时，它们在镜像图像中不会反转或倒置（参见图 7-9（a））。文字的对齐和对正方式在镜像对象前后相同。如果确实要反转文字，请先将 MIRRTEXT 系统变量设置为 1，反转文字的效果如图 7-9（b）所示。

命令：mirrtext
输入 MIRRTEXT 的新值 <0>：1

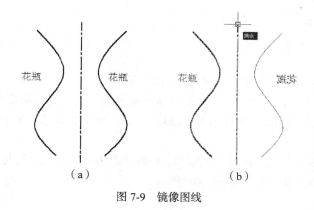

图 7-9 镜像图线

7.10 偏 移

命令：Offset。

菜单：修改→偏移。

命令缩写：O。

偏移命令创建与原始对象平行的新对象。偏移圆或圆弧可以创建更大或更小的圆或圆弧，取决于向哪一侧偏移。可以偏移直线、圆弧、圆、椭圆和椭圆弧、二维多段线、构造线（参照线）和射线、样条曲线等。

可以使用两种方法指定偏移生成的新对象位置：以指定的距离偏移对象和使偏移对象通过一点。

1. 以指定的距离偏移对象的一般过程

（1）选择"修改→偏移"，执行 Offset 命令。

（2）指定偏移距离：可以输入值或使用鼠标指定值。

（3）选择要偏移的对象。

（4）指定要放置新对象的一侧上的一点。

（5）选择另一个要偏移的对象，或按 Enter 键结束命令。

```
命令: _offset
当前设置: 删除源=否 图层=源  OFFSETGAPTYPE=0
指定偏移距离或[通过(T)/删除(E)/图层(L)] <通过>: 输入偏移距离后回车
选择要偏移的对象，或[退出(E)/放弃(U)] <退出>:
指定要偏移的那一侧上的点，或
[退出(E)/多个(M)/放弃(U)] <退出>: 输入m，回车，进行连续偏移
指定要偏移的那一侧上的点，或[退出(E)/放弃(U)] <下一个对象>:
指定要偏移的那一侧上的点，或[退出(E)/放弃(U)] <下一个对象>:
……
指定要偏移的那一侧上的点，或
[退出(E)/放弃(U)] <下一个对象>: 回车，结束连续复制
选择要偏移的对象，或[退出(E)/放弃(U)] <退出>: 重新选择要偏移的对象，进行相同距离的偏移，回车结束命令
```

2. 使偏移对象通过一点的一般过程

（1）选择"修改→偏移"，执行 Offset 命令。

（2）输入 t（通过点）。

（3）选择要偏移的对象。

（4）指定通过点。

（5）选择另一个要偏移的对象，或按 Enter 键结束命令。

无论是以指定的距离偏移对象，还是使偏移对象通过一点，对"指定通过点或[退出（E）/多个（M）/放弃（U）]<退出>"的提示均可以输入"m"响应，该选项使用户可以进行连续偏移操作。

如果将含有圆弧的多段线向圆弧内侧偏移，且偏移距离大于圆弧半径时，AutoCAD 将忽略圆弧，将圆弧两端直线以直角连接，如图 7-10 所示。

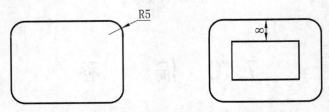

图 7-10　偏移距离大于多段线圆弧半径时的偏移结果

7.11　阵　　列

命令：Array。

菜单：修改→阵列。

命令缩写：AR。

可以在矩形或环形（圆形）阵列中创建对象的副本。对于创建多个定间距的对象，阵列比复制要快。

阵列分为矩形阵列和环形阵列。

对于矩形阵列，可以控制行和列的数目以及它们之间的距离，如图 7-11（a）所示。

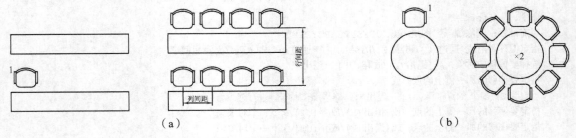

（a）　　　　　　　　　　　　　　　　　　（b）

图 7-11　矩形阵列和环形阵列示意图

对于环形阵列，可以控制对象副本的数目并决定是否旋转副本，如图 7-11（b）所示。

1. 矩形阵列

创建矩形阵列的步骤如下。

（1）选择菜单"修改→阵列"，执行 Array 命令。

（2）在"阵列"对话框中选择"矩形阵列"，如图 7-12（a）所示。

（3）单击"选择对象"按钮，"阵列"对话框将关闭。AutoCAD 提示选择对象，选择要添加到阵列中的对象并按 Enter 键。

（4）在"行"和"列"框中，输入阵列中的行数和列数。

（5）使用以下方法之一指定对象间水平和垂直间距（偏移）。

① 在"行偏移"和"列偏移"框中，输入行间距和列间距。添加加号（＋）或减号（－）确定方向。

② 单击"拾取行列偏移"按钮，使用定点设备指定阵列中某个单元的相对角点。此单元决定行和列的水平和垂直间距。

③ 单击"拾取行偏移"或"拾取列偏移"按钮，使用定点设备指定水平和垂直间距。

（6）如果要修改阵列的旋转角度，则在"阵列角度"文本框输入新角度。

（7）单击"确定"按钮创建阵列。

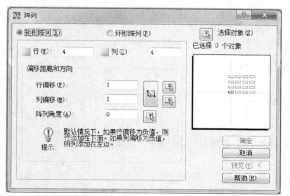

（a）矩形阵列

（b）环形阵列

图 7-12　"阵列"对话框

2. 环形阵列

创建环形阵列的步骤如下。

（1）选择菜单"修改→阵列"，执行 Array 命令。

（2）在"阵列"对话框中选择"环形阵列"，如图 7-12（b）所示。

（3）按下述方法之一指定中心点。

① 输入环形阵列中点的 X 坐标值和 Y 坐标值。

② 单击"拾取中心点"按钮，"阵列"对话框将关闭，程序将提示选择对象。使用定点设备指定环形阵列的圆心。

（4）单击"选择对象"按钮，"阵列"对话框将关闭，程序将提示选择对象，选择要创建阵列的对象。

（5）在"方法"列表框中，选择以下方法之一：项目总数和填充角度、项目总数和项目间的角度、填充角度和项目间的角度。

（6）需要时输入项目数目（数目中包括原对象）。

（7）根据不同阵列方法选项，进行下述可能的设置。

① 设置输入填充角度和项目间角度。"填充角度"指定围绕阵列圆周要填充的距离。"项目间

角度"指定每个项目之间的距离。

② 单击"拾取要填充的角度"按钮和"拾取项目间角度"按钮，然后使用定点设备指定要填充的角度和项目间角度。

（8）如果要沿阵列方向旋转对象，则选择"复制时旋转项目"复选框。

（9）单击"确定"按钮创建阵列。

3. 环形阵列示例

下面的过程绘制一个表示光源的符号，过程中使用了环形阵列命令，参考图 7-13。

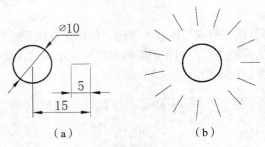

（a） （b）

图 7-13　环形阵列示例

（1）选择菜单"绘图→圆→圆心、半径"，执行 Circle 命令。

命令：_circle
指定圆的圆心或[三点(3P)/两点(2P)/相切、相切、半径(T)]：在屏幕适当位置指定一点
指定圆的半径或[直径(D)]：输入 5，回车

（2）选择菜单"绘图→直线"，执行 Line 命令。

命令：_line
指定第一点：捕捉圆的圆心
指定下一点或[放弃(U)]：打开正交，光标右移，橡皮筋线水平向右时输入15，回车
指定下一点或[放弃(U)]：回车，结束命令

（3）选择步骤（2）绘制的直线，单击其左侧界标，该界标变为红色，光标右移，输入 10，回车，按退出（Esc）键取消选择。

（4）选择菜单"修改→阵列"，执行 Array 命令，AutoCAD 弹出"阵列"对话框，在"阵列"对话框中执行如下操作。

① 选择"环形阵列"。

② 单击"中心点"旁的按钮，捕捉半径为 5 的圆的中心。

③ 单击"选择对象"按钮，选择短直线。

④ 采用默认阵列方法：项目总数和填充角度，输入项目总数为 15，填充角度采用默认值（360）；

⑤ 确定选中"复制时旋转项目"复选框。

⑥ 单击"确定"按钮完成操作。

结果如图 7-13（b）所示。

4. 矩形阵列示例

下面的过程通过矩形阵列命令将图 7-14（a）编辑成图 7-14（b）所示形状。

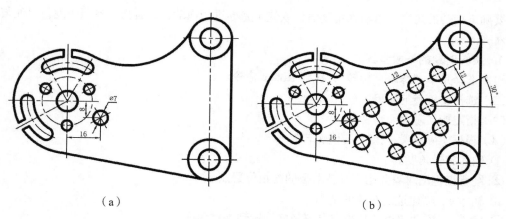

（a）   （b）

图 7-14 矩形阵列示例

选择菜单"修改→阵列"，执行 Array 命令，AutoCAD 弹出"阵列"对话框，在"阵列"对话框中执行如下操作。

（1）选择"矩形阵列"。

（2）设置行数为 3，列数为 5。

（3）设置行偏移为−12，列偏移为 12。

（4）设置阵列角度为 30。

（5）单击"选择对象"按钮，选择直径为 ∅7 的圆和十字线，回车，结束选择。

（6）单击"预览"按钮，如果预显结果符合预期，则单击"接受"按钮完成阵列，否则，单击"修改"按钮，返回"阵列"对话框调整参数，重新预览。

（7）删除矩形阵列左下角和右下角多余的 2 组圆和十字线。

7.12 移   动

命令：Move。

菜单：修改→移动。

命令缩写：M。

移动也是 AutoCAD 常用的命令。可以将移动理解为删除源对象的单个复制命令。

移动图形对象时应灵活使用对象捕捉模式实现精确移动。

可以使用界标移动图形对象。

7.13 旋   转

命令：Rotate。

菜单：修改→旋转。

命令缩写：RO。

旋转命令绕指定基点旋转图形中的对象。

要确定旋转的角度，可输入角度值，或使用光标进行拖动，或者指定参照角度，以便与绝对角度对齐。

1. 旋转对象的一般步骤

（1）选择菜单"修改→旋转"，执行 Rotate 命令。

（2）选择要旋转的对象。

（3）指定旋转基点。

（4）根据实际情况，执行以下操作之一。

① 输入旋转角度。

② 绕基点拖动对象并指定旋转对象的终止位置点。

③ 输入 c，创建选定对象的副本。

④ 输入 r，将选定对象从指定参照角度旋转到绝对角度。

2. 将对象旋转到绝对角度的步骤

（1）选择菜单"修改→旋转"，执行 Rotate 命令。

（2）选择要旋转的对象。

（3）指定旋转基点。

（4）输入 r（参照）。

（5）输入参照角度值或指定两点位置。此操作确定将旋转到新角度的假设线。

（6）输入新角度，或指定点。输入的新角度值是绝对角度，而不是相对值。另外，如果指定点，参照角度将旋转到该点。

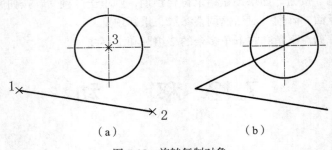

（a）　　　　　　　　　　　　　　（b）

图 7-15　旋转复制对象

下面的过程将图 7-15（a）所示的直线绕左端点旋转到通过圆心，并保留源对象，如图 7-15（b）所示。

选择菜单"修改→旋转"，执行 Rotate 命令。

```
命令: _rotate
UCS 当前的正角方向:  ANGDIR=逆时针  ANGBASE=0
选择对象: 选择直线
选择对象: 回车，结束选择
指定基点: 捕捉直线端点 1
指定旋转角度，或[复制(C)/参照(R)]: 输入 c，回车，表示保留源对象
旋转一组选定对象。
指定旋转角度，或[复制(C)/参照(R)] :  输入 r，回车
指定参照角 <350>: 捕捉直线端点 1
指定第二点: 捕捉直线端点 2
指定新角度或[点(P)]: 捕捉圆心 3
```

7.14　缩　　放

命令：Scale。

菜单：修改→缩放。

命令缩写：SC。

使用缩放命令，可以将对象按统一比例放大或缩小。缩放对象时应指定基点和比例因子。比例因子大于 1 时放大对象，比例因子介于 0 和 1 之间时缩小对象。

在工程应用中，经常需要采用放大或缩小比例绘制工程图样，这是因为受到图纸幅面大小、图形的复杂程度等因素限制的缘故。然而在从开始绘制图形直到尺寸标注之前的过程中，不应该使用比例，而应该使用 1∶1 的方法直接输入尺寸画图。这样做的好处是，用户无需进行长度换算，以免造成错误。当图形绘制完成后（建议在标注尺寸之前），使用缩放对象命令（Scale）对整个图样进行放大或缩小，使其能够合理地布置在指定幅面的图纸上。

在绘图比例不是 1∶1 的工程图样中，标注尺寸时应设置合适的测量单位比例因子，该因子通常等于图形比例的倒数。

7.15　修　　剪

命令：Trim。

菜单：修改→修剪。

命令缩写：TR。

修剪命令使图线精确地终止于由其他图形对象定义的边界。在修剪命令执行过程中，对象既可以作为剪切边，也可以是被修剪的对象，如图 7-16 所示。

特别指出的是，文字（边界）可以用作剪切边。

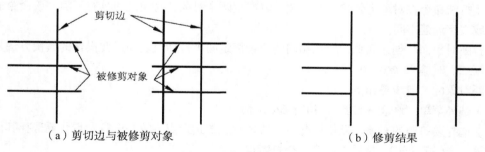

（a）剪切边与被修剪对象　　　　　　　　（b）修剪结果

图 7-16　修剪图线示意图

修剪对象的一般步骤如下。

（1）选择菜单"修改→修剪"，启动 Trim 命令。

（2）选择作为剪切边的对象。如果要选择所有显示的对象作为可能剪切边，则按 Enter 键而不选择任何对象。

（3）选择要修剪的对象。默认情况下，要修剪的对象必须与剪切边物理相交。

7.16 延　　伸

命令：Extend。

菜单：修改→延伸。

命令缩写：EX。

延伸命令精确地延伸对象至由其他对象定义的边界边。与修剪操作方法类似。

特别指出的是，文字（边界）也可以用作延伸边界。

延伸对象的一般步骤如下。

（1）选择菜单"修改→延伸"，启动 Extend 命令。

（2）选择作为边界边的对象。如果要选择所有显示的对象作为可能边界边，请按 Enter 键而不选择任何对象。

（3）选择要延伸的对象。必须在靠近延伸边界的一侧选择要延伸的对象。默认情况下，要延伸的对象延长后必须与延伸边界物理相交。

一般情况下，用户不需要改变修剪命令和延伸命令的操作选项。在选择延伸对象或修剪对象时，可使用 AutoCAD 提供的构造选择集的各种方法，以提高工作效率。

7.17 打　　断

命令：Break。

菜单：修改→打断。

Break 命令将一个对象打断为两个对象，对象之间可以具有间隙，也可以没有间隙。打断相当于修剪对象第一打断点与第二打断点之间的部分。如果第二打断点位于对象延长线之外，相当于缩短对象。

使用打断命令在对象上创建一个间隙，将产生两个对象，对象之间具有间隙，该命令通常用于为块或文字创建空间。

要打断对象而不创建间隙，应在相同的位置指定两个打断点。完成此操作的最快方法是在提示输入第二点时输入 @0，0。

打断对象的一般步骤如下。

（1）选择菜单"修改→打断"，执行 Break 命令。

（2）选择要打断的对象。默认情况下，选择对象的选择点为第一个打断点。要选择其他打断点时，输入 f（第一点），然后指定第一个打断点。

（3）指定第二个打断点。要打断对象而不创建间隙，则输入 @0，0 以指定上一点。

可以指定任意位置点作为第二打断点（即第二打断点不一定位于被打断对象上），AutoCAD 将被打断对象上距离用户输入点最近的点作为第二打断点。

第二打断点位于被打断对象延长线之外时，相当于缩短被打断对象。这种方法常用于修整点画线等没有严格长度要求的图线。下面的过程通过打断命令修整图 7-17（a）所示圆的中心线，使其满足工程图样规范，结果如图 7-17（b）所示。

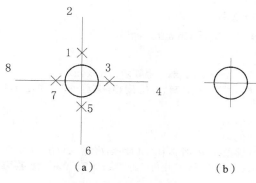

图 7-17　打断命令示例

选择菜单"修改→打断"，执行 Break 命令。

命令：_break
选择对象：指定点 1
指定第二个打断点　或[第一点(F)]：指定上方直线之外点 2
命令：回车，重复执行打断命令
BREAK
选择对象：指定点 3
指定第二个打断点　或[第一点(F)]：指定右方直线之外点 4
命令：回车，重复执行打断命令
BREAK
选择对象：指定点 5
指定第二个打断点　或[第一点(F)]：指定下方直线之外点 6
命令：回车，重复执行打断命令
BREAK
选择对象：指定点 7
指定第二个打断点　或[第一点(F)]：指定左方直线之外点 8

7.18　倒　　角

命令：Chamfer。

菜单：修改→倒角。

命令缩写：CHA。

倒角操作连接两个直线，使它们以平角或倒角相接，如图 7-18 所示。在该图中，（a）、（b）、（c）、（d）4 种情形的操作结果均如图 7-18（e）所示。

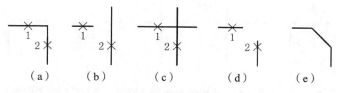

图 7-18　倒角示意图

1—第一条直线；2—第二条直线

1. 倒角命令的一般执行过程

选择菜单"修改→倒角"，执行 Chamfer 命令。

命令: _chamfer
("修剪"模式) 当前倒角距离 1 = x.xxxx，距离 2 = x.xxxx
选择第一条直线或[放弃(U)/多段线(P)/距离(D)/角度(A)/修剪(T)/方式(E)/多个(M)]： d（输入 d 设置不同于默认值的倒角距离）
指定第一个倒角距离 <x.xxxx>: 5
指定第二个倒角距离 <5.0000>: 10
选择第一条直线或[放弃(U)/多段线(P)/距离(D)/角度(A)/修剪(T)/方式(E)/多个(M)]：
选择第二条直线，或按住 Shift 键选择要应用角点的直线：（按下 Shift 键不放，选择第二条直线，将忽略倒角距离，选定两直线以直角连接）

2. 倒角操作说明

（1）两个倒角距离可以相同，也可以不同，从交点向第一条直线选择侧截取的长度为第一个倒角距离，从交点向第二条直线选择侧截取的长度为第二个倒角距离，如图 7-19（a）所示。

（2）按指定距离进行倒角时，AutoCAD 自两直线交点处向选择侧截取第一个倒角距离和第二个倒角距离，然后将截取点用直线段连接，如图 7-19（a）所示。

（3）也可以按指定长度和角度进行倒角，通过指定第一个选定对象的倒角线起点及倒角线与该对象形成的角度来为两个对象倒角，如图 7-19（b）所示。

（4）根据图 7-19，当两个倒角距离不等，或使用角度进行倒角操作时，选择直线的顺序影响倒角操作结果。

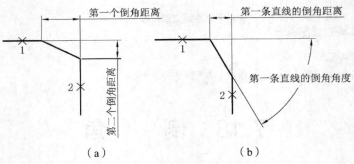

图 7-19   倒角距离和倒角角度示意图
1—第一条直线；2—第二条直线

（5）如果两个倒角距离都为 0，则倒角操作将修剪或延伸这两个对象直至它们相交，但不创建倒角线，如图 7-20 所示。

（6）选择第二条直线时可以按住 Shift 键，此时用 0 值替代当前的倒角距离，如图 7-20 所示。

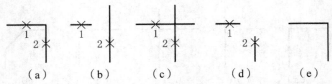

图 7-20   倒角距离为 0 或按住 Shift 键选择第二条直线时的倒角结果
1—第一条直线；2—第二条直线

（7）可以对整条多段线倒角。对整条多段线进行倒角时，每个交点都被倒角。要得到最佳效果，应保持第一和第二个倒角距离相等。对整条多段线倒角时，只对那些长度足够适合倒角距离的线段进行倒角。如果某些多段线线段太短，就不进行倒角。

（8）默认情况下，对象在倒角时被修剪，但可以用"修剪"选项指定保持不修剪的状态，如图 7-21 所示，不修剪模式通常用于绘制孔口倒角。

```
命令：_chamfer
（"修剪"模式）当前倒角长度 = 10.0000，角度 = 30
选择第一条直线或
[放弃(U)/多段线(P)/距离(D)/角度(A)/修剪(T)/方式(E)/多个(M)]：输入 t，回车
输入修剪模式选项[修剪(T)/不修剪(N)] <修剪>：输入 n，回车，不修剪
选择第一条直线或[放弃(U)/多段线(P)/距离(D)/角度(A)/修剪(T)/方式(E)/多个(M)]：
……
```

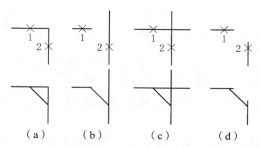

（a）　　　　（b）　　　　（c）　　　　（d）

图 7-21　修剪模式设置为"不修剪"时的倒角结果

1—第一条直线；2—第二条直线

3. 通过指定倒角距离进行倒角的一般步骤

（1）选择菜单"修改→倒角"，运行 Chamfer 命令。

（2）输入 d（距离）。

（3）输入第一个倒角距离。

（4）输入第二个倒角距离。

（5）选择第一条直线。

（6）选择第二条直线。

4. 通过指定长度和角度进行倒角的一般步骤

（1）选择菜单"修改→倒角"，运行 Chamfer 命令。

（2）输入 a（角度）。

（3）输入第一条直线自交点截取距离。

（4）输入倒角线与第一条直线夹角。

（5）选择第一条直线，然后选择第二直线。

5. 倒角而不修剪的步骤

（1）选择菜单"修改→倒角"，运行 Chamfer 命令。

（2）输入 t（修剪控制）。

（3）输入 n（不修剪）。

（4）选择要倒角的对象，或先执行其他选项。

6. 为整个多段线倒角的步骤

（1）选择菜单"修改→倒角"，运行 Chamfer 命令。

（2）输入 p（多段线），或先执行其他选项。

（3）选择多段线，使用当前的倒角方法和默认的距离对多段线进行倒角。

可以选择多段线的不同部分对多段线进行局部倒角操作，如图 7-22 所示。

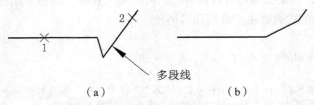

多段线

（a）　　　　　　　　　（b）

图 7-22　对多段线进行局部倒角操作

```
命令：_chamfer
（"修剪"模式）当前倒角距离 1 = 5.0000，距离 2 = 5.0000
选择第一条直线或
[放弃(U)/多段线(P)/距离(D)/角度(A)/修剪(T)/方式(E)/多个(M)]：指定点 1
选择第二条直线，或按住 Shift 键选择要应用角点的直线：指定点 2
```

从图 7-22 操作结果可以看到，选择多段线中非相邻线段执行倒角操作，AutoCAD 将删除两者间的直线段或圆弧。

图 7-23 显示了绘制齿轮剖面倒角的过程，第 1 步按图 7-23（a）选择线段在修剪模式下创建所有外倒角，第 2 步在不修剪模式下按图 7-23（b）选择线段创建内倒角，第 3 步补画和修剪图线，最后执行图案填充操作。

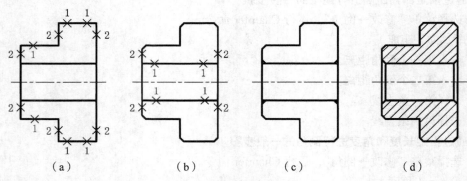

（a）　　　　　　（b）　　　　　　（c）　　　　　　（d）

图 7-23　齿轮剖面倒角绘制过程

1—第一条直线；2—第二条直线

7.19　圆　　　角

命令：Fillet。

菜单：修改→圆角。

命令缩写：F。

圆角使用与对象相切并且具有指定半径的圆弧连接两个对象，如图 7-24 所示。

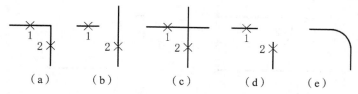

图 7-24 圆角操作示意图

1—第一个对象；2—第二个对象

1. 圆角命令的一般执行过程

选择菜单"修改→圆角"，执行 Fillet 命令。

```
命令：_fillet
当前设置：模式 = 修剪，半径 = 0.0000
选择第一个对象或[放弃(U)/多段线(P)/半径(R)/修剪(T)/多个(M)]：r(输入 r，设置不同于默认值的圆角半径)
指定圆角半径 <0.0000>：输入半径值，或用鼠标指定两点
选择第一个对象或[放弃(U)/多段线(P)/半径(R)/修剪(T)/多个(M)]：
选择第二个对象，或按住 Shift 键选择要应用角点的对象：如果按下 Shift 键不放，选择第二个对象，则忽略半
径设置，取圆角半径为 0
```

2. 圆角操作说明

（1）圆角半径是连接被圆角对象的圆弧半径。修改圆角半径将影响后续的圆角操作。如果设置圆角半径为 0，则被圆角的对象将被修剪或延伸直到它们相交，并不创建圆弧，如图 7-25 所示。

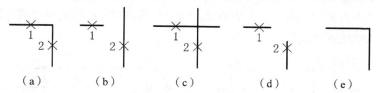

图 7-25 圆角半径为 0 或按住 Shift 键选择第二个对象时的圆角结果

1—第一个对象；2—第二个对象

（2）选择第二个对象时可以按住 Shift 键，此时用 0 值替代当前的圆角半径，如图 7-25 所示。

（3）可以使用"修剪"选项指定是否修剪选定对象、将对象延伸到创建的弧的端点，或不作修改，如图 7-26 所示。

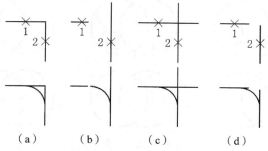

图 7-26 修剪模式设置为"不修剪"时的圆角结果

1—第一个对象；2—第二个对象

（4）由于指定的位置不同，会产生不同的圆角，AutoCAD 保留用户选择对象时选择的部分，如图 7-27 所示。

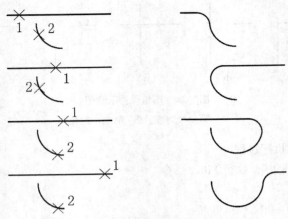

图 7-27　指定位置不同产生不同的圆角

1—第一个对象；2—第二个对象

（5）可以为整个多段线添加圆角或从多段线中删除圆角。如果设置一个非零的圆角半径，Fillet 命令将在长度足够适合圆角半径的每条多段线线段的顶点处插入圆角弧。如果将圆角半径设置为 0，则不插入圆角弧。如果两条多段线线段被一条弧线段分隔，Fillet 命令将删除该弧线段并延伸直线，直到它们相交。

（6）可以为平行直线圆角，如图 7-28 所示。AutoCAD 临时调整当前圆角半径以创建与两个对象相切且位于两个对象的共有平面上的圆弧。第一个选定对象必须是直线或射线，但第二个对象可以是直线、构造线或射线。

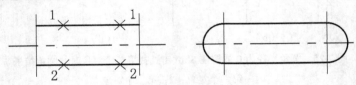

图 7-28　对平行直线执行圆角操作

1—第一个对象；2—第二个对象

（7）AutoCAD 可以创建圆或椭圆与其他图线的圆角，但是不修剪圆或椭圆，如图 7-29 所示。

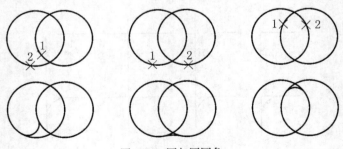

图 7-29　圆与圆圆角

1—第一个对象；2—第二个对象

（8）在一些版本的 AutoCAD 中，由于程序自身的原因，当用户试图捕捉与椭圆相切的切点时，往往不会得到期望的结果（如绘制与椭圆相切的圆），这时使用圆角命令可以解决问题。

圆角命令操作过程与倒角命令类似。

7.20 分　　解

命令：Explode。

菜单：修改→分解。

分解命令将合成对象分解为其部件对象。所谓合成对象指诸如块、多段线等形式的由简单图素（如直线、圆、圆弧、文字等）组合在一起具有特殊性质的对象几何。合成对象分解后，其图线的颜色、线型、线宽等都可能变化，如多段线分解后，宽度信息将消失，图块分解后，图块中所含的属性将转化为属性定义。

练 习 7

1. 绘制图 7-30～图 7-64 并标注尺寸，使用图层管理图线特性。

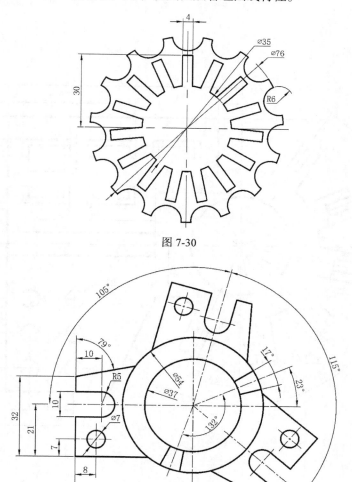

图 7-30

图 7-31

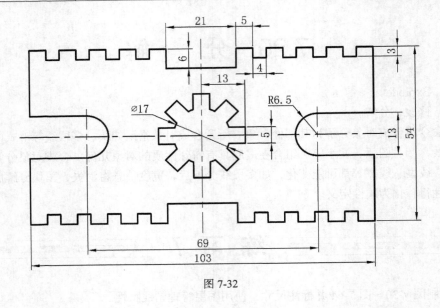

图 7-32

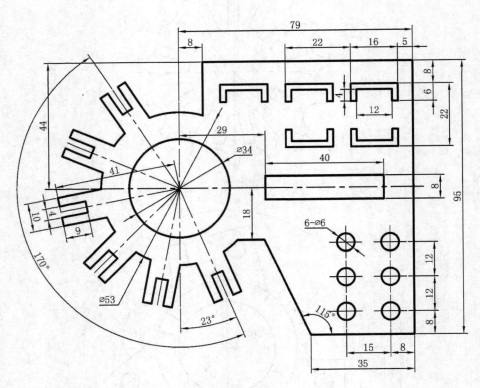

图 7-33

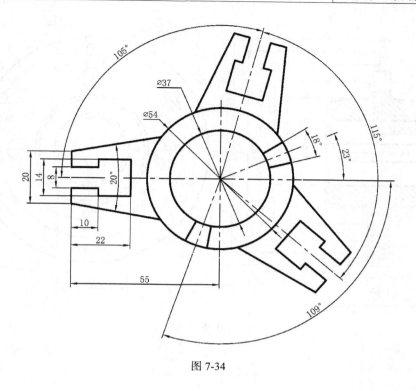

图 7-34

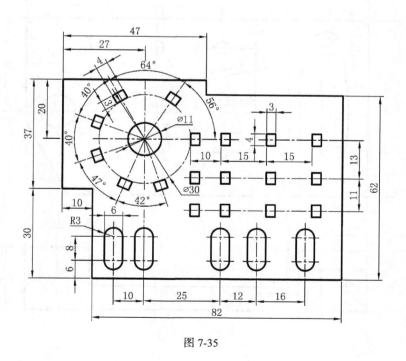

图 7-35

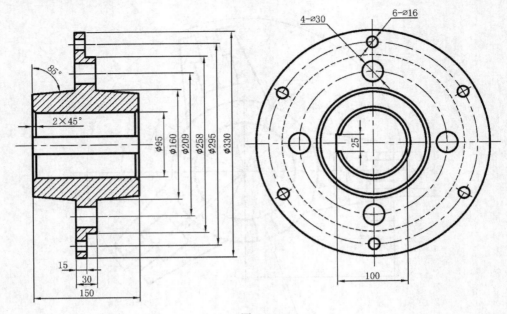

图 7-36

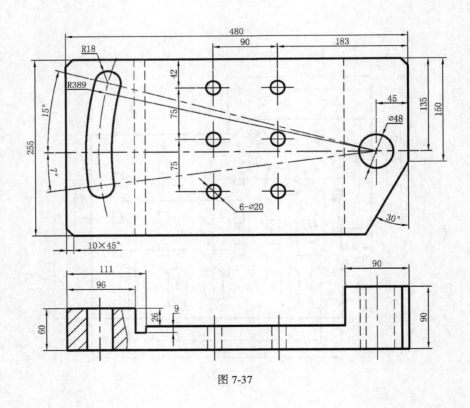

图 7-37

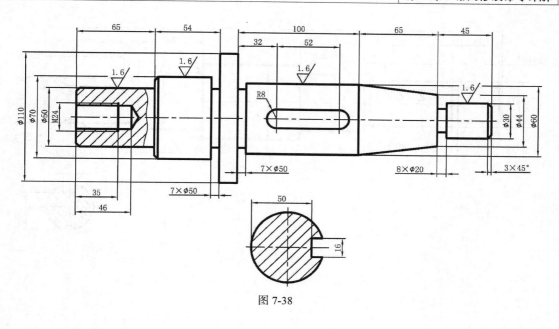

图 7-38

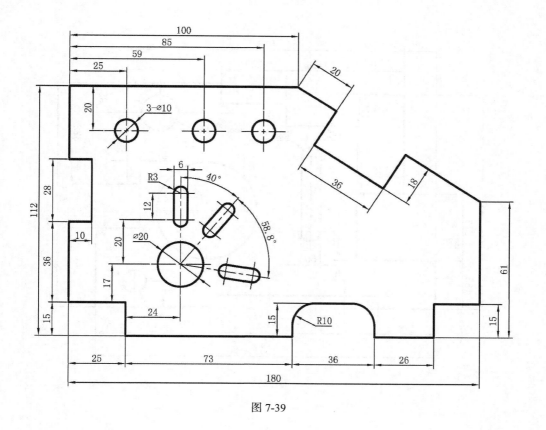

图 7-39

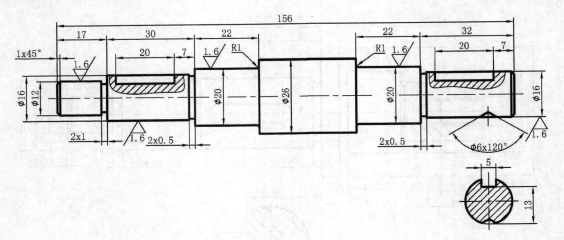

图 7-40

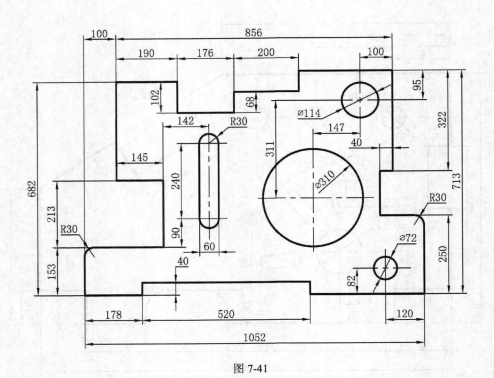

图 7-41

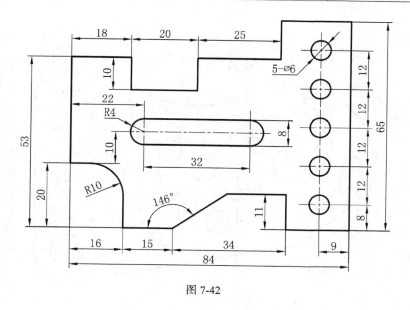

图 7-42

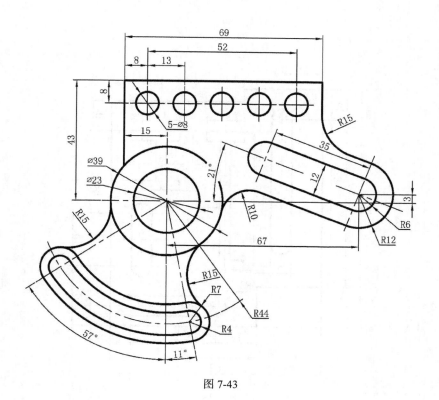

图 7-43

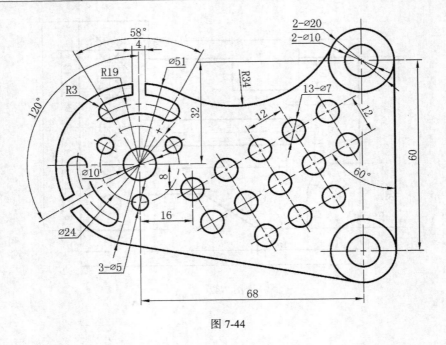

图 7-44

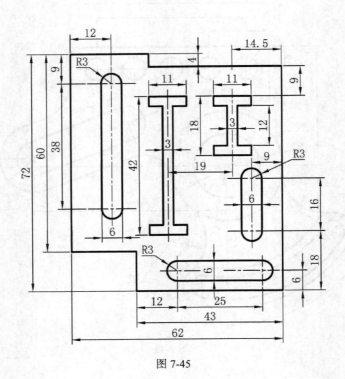

图 7-45

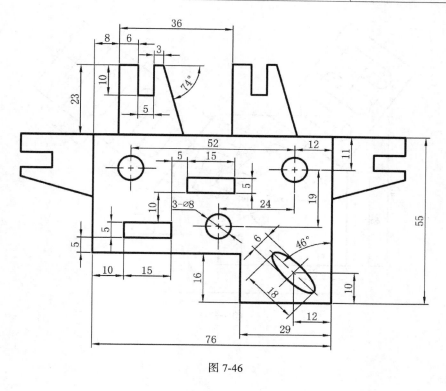

图 7-46

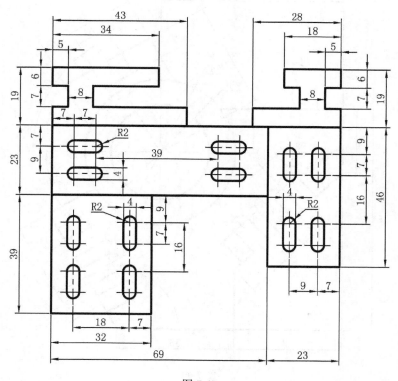

图 7-47

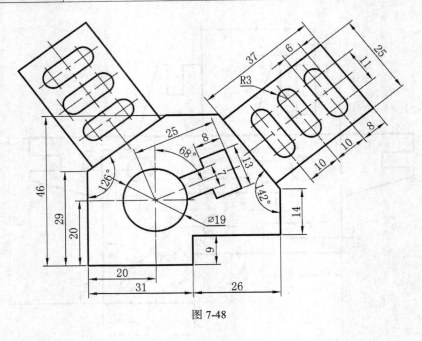

图 7-48

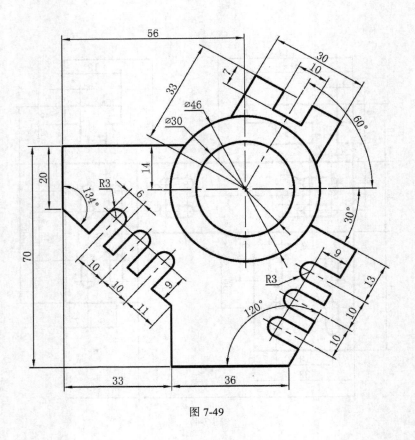

图 7-49

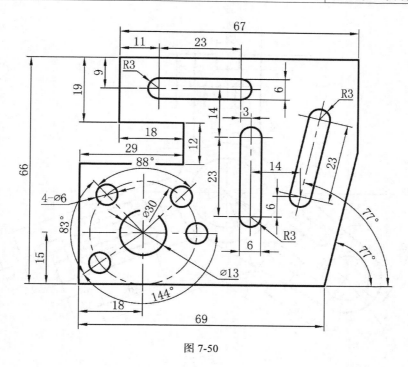

图 7-50

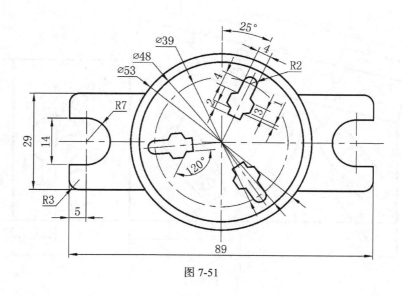

图 7-51

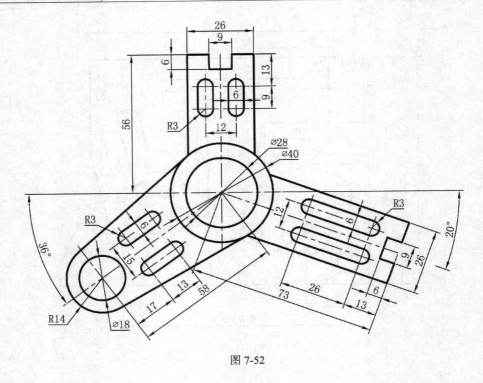

图 7-52

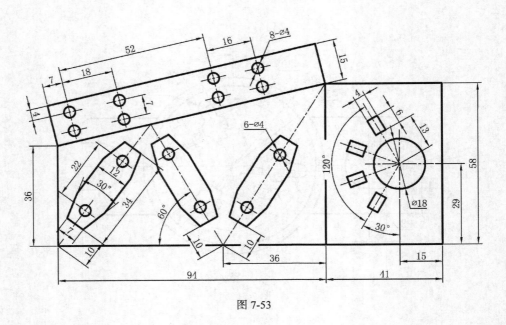

图 7-53

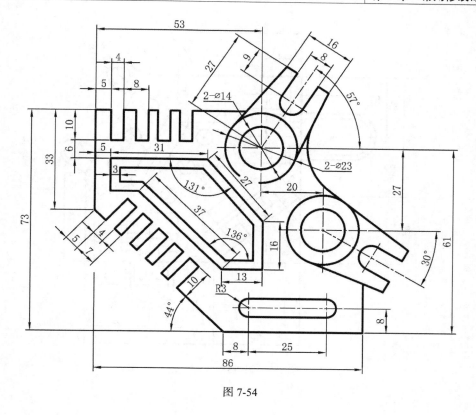

图 7-54

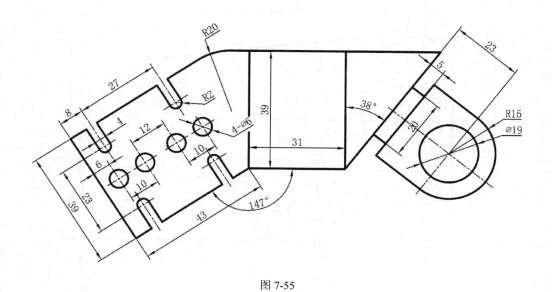

图 7-55

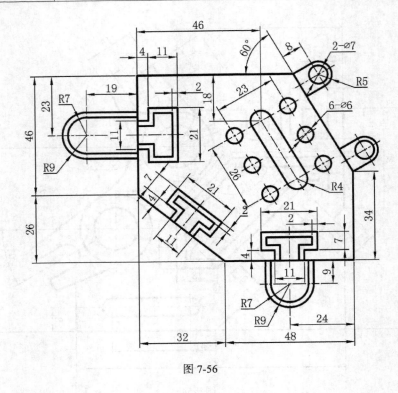

图 7-56

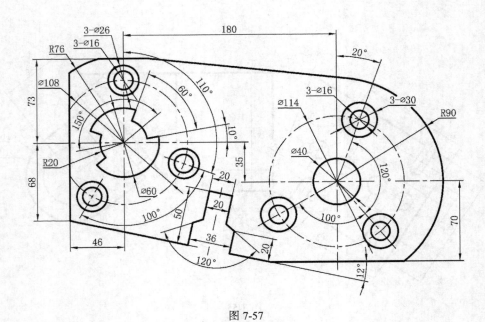

图 7-57

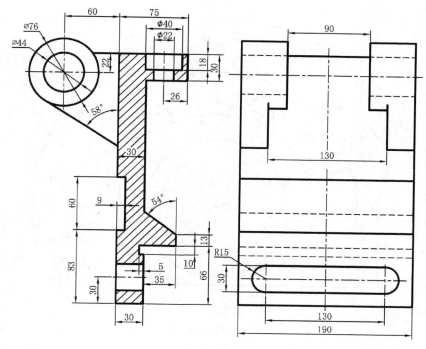

图 7-58

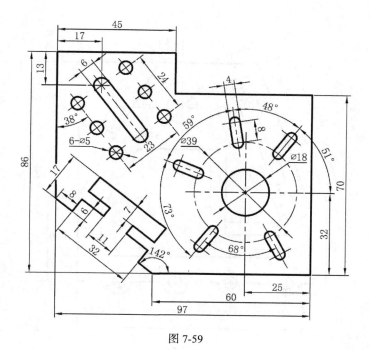

图 7-59

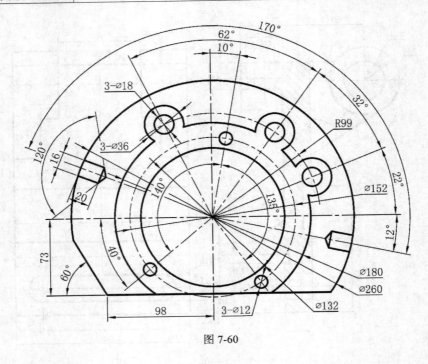

图 7-60

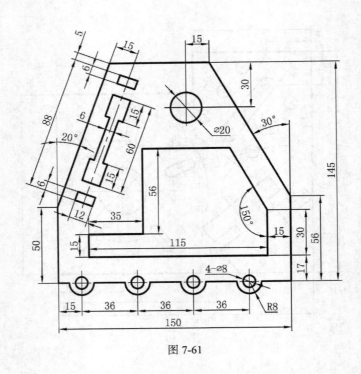

图 7-61

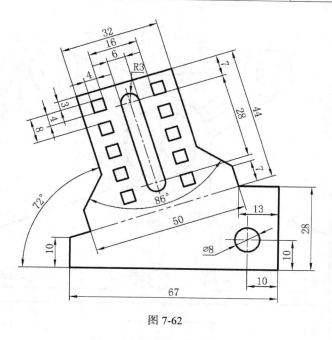

图 7-62

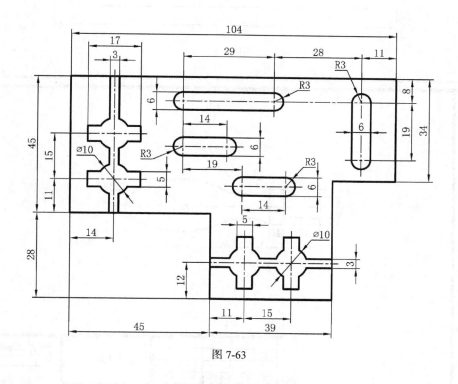

图 7-63

2. 以练习 2 第 1 题创建的 My_Landscape_A4.dwt 文件为样板绘制图 7-65 所示手柄图形并标注尺寸。使用图层管理图线特性。

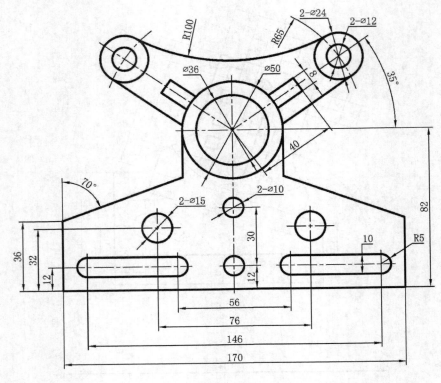

图 7-64

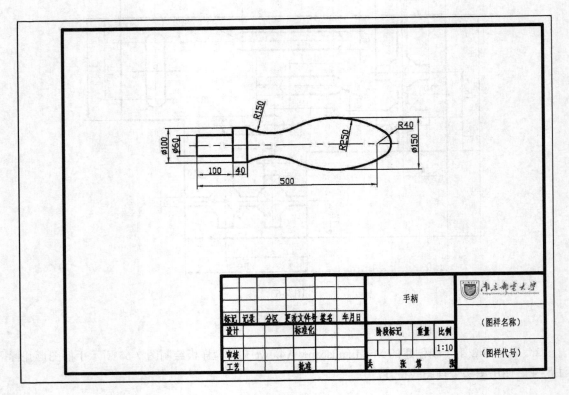

						手柄				
标记	记录	分区	更改文件号	签名	年月日					（图样名称）
设计			标准化			阶段标记	重量	比例		
								1:10		
审核										（图样代号）
工艺			批准			共 张 第 张				

图 7-65

第8章
图形输入输出与查询

工程图样绘制完成后，一般需要打印成纸质文档用于指导加工或施工。在产品设计过程中，用户可能需要在不同的 CAD 应用程序之间交换数据，如可以将仿真模型转化为 AutoCAD 可以识别的文件格式，以便进行结构设计。

本章介绍 AutoCAD 图形输入、输出、打印和查询功能。在不同版本的 AutoCAD 中，这些功能及其操作方法可能会有所不同。本章还是以 AutoCAD 2008 为例讲述这些功能。

8.1　AutoCAD 图形输入与输出

默认情况下，启动中文版 AutoCAD 时，系统以 Acadiso.dwt 为样板创建默认文档，默认文档名为"Drawing1.dwg"。如果欲使用不同于默认模板创建新图形文件，可以执行命令"文件→新建"，在"选择样板"对话框中选择不同的样板文件。

用户应熟练掌握在不同图形文件间引用图形数据的方法，根据实际情况，用户可以进行以下操作。

（1）将已有的图形文件以新名称存盘（"文件→另存为"），然后加以编辑。

（2）将已有的图形文件以较低版本的 AutoCAD 格式存储。

（3）将已有图形保存为相应版本的 DXF 格式的文件，这种格式的图形文件能够被大多数 CAD 应用程序所接受。

（4）将已有的图形文件作为图块插入到当前图形文件中，然后再进行编辑。

（5）使用剪贴板复制、粘贴功能，将另一幅图形中的图线复制到当前图形中。

（6）将已有的图形作为外部参照插入到当前图形中，但是外部参照并不是当前图形的一部分，而是仅仅显示在当前图形中用做绘图参考。

8.1.1　图形输入

选择菜单"文件→输入"，执行 Import 命令，弹出"输入文件"对话框，如图 8-1 所示。用户可以输入 AutoCAD 能够识别的其他应用程序创建的图形文件。

由图 8-1 可知，AutoCAD 2008 可以输入 4 种不同格式的图形文件。

● 图元文件（*.wmf）：wmf 是 Windows Metafile 的缩写，简称图元文件。这种格式的图形文档是微软公司定义的一种 Windows 平台下的图形文件格式。图元文件的扩展名包括 wmf 和 emf 两种。它们属于矢量类图形，是由简单的线条和封闭线条（图形）组成的矢量图，其主要特点是文件非常小，可以任意缩放而不影响图像质量。

图 8-1 "输入文件"对话框

● ACIS（*.sat）：这种格式的图形文档是由 ACIS 核心所开发出来的应用程序的共通格式档案。

● 3D Studio（*.3ds）：3ds 是 3D MAX 模型文件。

● V8 DGN（*.dgn）：DGN（Design）是一种 CAD 文件格式，为 Bentley 工程软件系统有限公司的 MicroStation 和 Intergraph 公司的 Interactive Graphics Design System（IGDS）CAD 程序所支持。尽管 DGN 在使用上不如 Autodesk 的 DWG 文件格式那样广泛，但在诸如建筑、公路、桥梁、工厂设计、船舶制造等许多大型工程上，使用更为普遍。

8.1.2 图形输出

选择菜单"文件→输出"，执行 Export 命令，可以将当前图形文件保存为不同格式的文件，供其他程序使用。执行该命令弹出"输出数据"对话框，如图 8-2 所示。

由图 8-2 可以看到，AutoCAD 2008 可以将图形文件输出为如下格式的文件。

● 3D DWF（*.dwf）：为了在 Internet 上显示 AutoCAD 图形，Autodesk 开发了一种称为 DWF（Drawing Web Format）的新文件格式，DWF 文件格式支持图层、超级链接、背景颜色、距离测量、线宽、比例等图形特性。用户可以在不损失原始图形文件数据特性的前提下通过 DWF 文件格式共享其数据和文件。

● 图元文件（.wmf）。

● ACIS（*.sat）。

图 8-2 "输出数据"对话框

● 平板印刷（*.stl）：输出与平板印刷设备（SLA）兼容的 STL 格式文件。

● 封装 PS（*.eps）：EPS（Encapsulated PostScript）格式的文件是一种专用的打印机描述语言，可以描述矢量信息和位图信息。

● DXX 提取（*.dxx）：生成 AutoCAD 图形交换文件格式的子集，其中只包括块参照、属性和序列结束对象。文件扩展名 dxx 用于区分输出文件和普通 DXF 文件。

● 位图（*.bmp）。

● 块（*.dwg）。

● V8 DGN（*.dgn）。

选择好输出文件格式后，AutoCAD 将提示用户选择欲输出的图形对象。

8.2　页面设置与图形打印

不同版本的 AutoCAD 打印方法有一定的差异，较早版本的 AutoCAD 是在"打印"对话框中直接设置打印参数，使用起来较为方便。较新版本的 AutoCAD 在打印前需进行页面设置，否则很难得到理想的打印结果。

在 AutoCAD 2008 中选择菜单"文件→页面设置管理器"，执行 PageSetup 命令，弹出"页面设置管理器"对话框，如图 8-3 所示。

在"页面设置管理器"对话框中，有一个默认的页面设置"*Model*"，单击"新建"按钮，在"新建页面设置"对话框中输入新页面设置名称（默认名为"设置 1"），单击"确定"按钮，AutoCAD 弹出"页面设置-Model"对话框，如图 8-4 所示。

图 8-3　"页面设置管理器"对话框

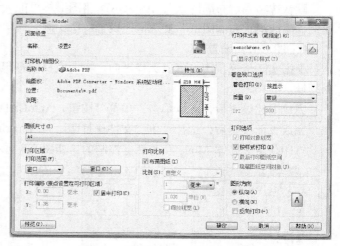

图 8-4　"页面设置-Model"对话框

在"页面设置-Model"对话框中，可进行如下设置。

1. 打印机/绘图仪设置

用户应选择合适的打印机或绘图仪，在 Windows 环境下可直接选择系统打印机。可以选择虚拟打印机，将图形打印成文件。

必要时，应修改打印机设置。

2. 图纸尺寸设置

AutoCAD 将图形打印在指定大小的图纸上。可以将任意大小的图形打印在用户设置的图纸幅面上，AutoCAD 将自动调整打印比例。

3. 打印区域设置

可以按下述 4 种方法之一设置打印区域。

（1）窗口：打印指定窗口区域内的图形。

（2）范围：打印图形绘制到的任何区域。

（3）界限：只打印用户设定的图形界限内的区域。

（4）显示：打印当前屏幕上显示的图形，屏幕外的部分不打印。

默认情况下打印出的图形在图纸上总是偏向左侧，用户可以设置打印原点或选择"居中打印"改变图形在图纸上的打印位置。

4. 打印样式表（笔指定）设置

在"打印样式表（笔指定）"下拉列表框中，AutoCAD 列出了多种预定义的打印样式，这些打印样式主要分为 3 类：彩色打印、灰度打印和黑白打印。在工程应用中，一般使用黑白打印，此时应该选择 monochrome.ctb。单击打印样式下拉列表框旁的"编辑"按钮，AutoCAD 弹出打印样式表编辑器，可以编辑选中的打印样式，如图 8-5 所示。

打印样式表的主要作用是为不同颜色的图线指定打印颜色、线型和线宽等特性，这意味着打印出的图纸中图线的颜色、线型、线宽等可以与屏幕上显示的颜色、线型、线宽等不同，如可以将红色图线打印成绿色。但是一般采用默认设置。

在较低版本的 AutoCAD 中，图线不具有线宽特性，在打印时必须通过颜色设置线宽。

5. 打印比例设置

默认选项是"布满图纸"，AutoCAD 将图形尽可能大地打印在图纸上。如果需要设置相应的比例，应取消"布满图纸"复选框，设置一个比例，通常选择 1∶1。

6. 图形方向设置

根据实际情况，用户可以选择纵向、横向或反向打印。反向打印通常用于印刷制版等特殊应用领域。

完成上述设置后，可以单击"预览"按钮，AutoCAD 显示预览窗口，显示打印效果。

完成页面设置后，选择菜单"文件→打印"，执行 Print 命令，就可以打印图形了。

打印是由"打印-Model"对话框控制的，如图 8-6 所示。

图 8-5　打印样式表编辑器

图 8-6　"打印-Model"对话框

在"打印-Model"对话框中，在"页面设置"标签下方的"名称"下拉列表框中选择一种预定义的页面设置，打印对话框中所有与页面设置相对应的内容被自动应用，用户可以直接单击"预览"按钮，观察打印效果后进行打印。用户也可以根据实际情况修改相应打印选项，如打印区域、打印比例等。

8.3　绘图实用程序

8.3.1　图形文件数据恢复与更正

AutoCAD 文件损坏后，可以通过使用命令查找并更正错误来修复部分或全部数据。

出现错误时，诊断信息将记录在"acad.err"文件中，这样用户就可以使用该文件报告出现的问题。

如果在图形文件中检测到损坏的数据或者用户在程序发生故障后要求保存图形，那么该图形文件将标记为已损坏。如果只是轻微损坏，有时只需打开图形便可修复它。否则，可以使用以下命令。

AUDIT：在当前打开的图形文件中查找并更正错误。

RECOVER：核查并尝试打开任意图形文件。

RECOVERALL：与恢复类似，它还将对所有嵌套的外部参照进行操作。结果将显示在"图形修复日志"窗口中。

上述 3 个命令对应于菜单"文件→绘图实用程序"下的前 3 个子菜单项。

8.3.2　图形数据整理

有时，用户可能会发现，一幅非常简单的图形保存时却占有非常大的磁盘空间（文件长度很大），这往往是由于文件中存在大量没有被引用的命名对象的缘故，如块等。

可以使用 PURGE 命令（"文件→绘图实用程序→清理"）删除未使用的命名对象，包括块定义、标注样式、图层、线型和文字样式，执行该命令弹出"清理"对话框，如图 8-7 所示。

一般来说，清理后的图形文件将会显著缩小。

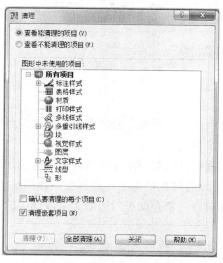

图 8-7　"清理"对话框

8.4 图形查询

可以将 AutoCAD 看作一个非常优秀的几何计算器，任何空间几何问题都可以通过 AutoCAD 得到完美的解决，因为 AutoCAD 提供了非常丰富的查询功能。

通过"特性"窗口，可以查看图形的所有几何信息。如选择直线，"特性"窗口显示该直线起点和端点的 x、y、z 坐标分量，直线的方向角，直线的长度；选择圆，"特性"窗口显示该圆的中心坐标、半径、直径、周长和面积。

可以通过"工具→查询"菜单，查询图形中任意两点之间的距离和角度，或不同点所围成的多边形或指定对象所包围区域的面积和周长。

8.4.1 查询距离和角度

命令：Dist。

菜单：工具→查询→距离。

使用距离命令可以迅速查询任意两点之间的距离和方位信息。查询过程指定点时一般应使用对象捕捉功能。

下面的过程使用距离命令查询三角形指定边对应的高，如图 8-8 所示。

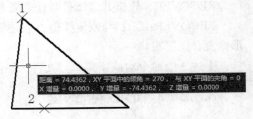

图 8-8　查询距离

选择菜单"工具→查询→距离"，执行 Dist 命令。

```
命令：'_dist
指定第一点：end
于 指定点 1
指定第二点：per
到 指定点 2
距离 = 74.4362，XY 平面中的倾角 = 270，  与 XY 平面的夹角 = 0
X 增量 = 0.0000，  Y 增量 = -74.4362，  Z 增量 = 0.0000
```

AutoCAD 将距离查询结果存在系统变量 Distance 中。

8.4.2 查询面积和周长

命令：Area。

菜单：工具→查询→面积。

面积命令 Area 用于计算由若干点所确定的多边形，或指定对象所构成的封闭区域面积和周长，同时可对面积进行求和、求差运算。

对于多边形，可以按顺序捕捉其所有端点计算其面积和周长。如果多边形是闭合多段线，还可以通过选择对象计算其面积和周长。下面的过程分别通过捕捉点和选择对象查询正六边形（多段线）的面积，如图 8-9 所示。

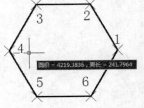

图 8-9　查询面积和周长

选择菜单"工具→查询→面积"，执行 Area 命令。

下面的过程使用指定点方式。

命令：AREA

指定第一个角点或[对象(O)/加(A)/减(S)]：捕捉端点 1

指定下一个角点或按 Enter 键全选：捕捉端点 2

指定下一个角点或按 Enter 键全选：捕捉端点 3

指定下一个角点或按 Enter 键全选：捕捉端点 4

指定下一个角点或按 Enter 键全选：捕捉端点 5

指定下一个角点或按 Enter 键全选：捕捉端点 6

指定下一个角点或按 Enter 键全选：回车

面积 = 4219.3836，周长 = 241.7964

下面的过程使用指定对象方式。

命令：_area

指定第一个角点或[对象(O)/加(A)/减(S)]：输入字母 o，回车

选择对象：选择正六边形

面积 = 4219.3836，周长 = 241.7964

　　显然，如果一个封闭区域的边界含有非直线图元时不能通过指定点查询其面积或周长。用户可以将封闭区域转化为边界或多段线，通过选择对象查询。特殊情形下，可以使用 Area 命令的求和、求差选项。

　　下面的过程利用面积命令的加、减选项查询图 8-10 所示渐变色填充区域的面积，其外边界为封闭多段线。

图 8-10　查询填充区域的面积

命令：_area

指定第一个角点或[对象(O)/加(A)/减(S)]：输入 a，回车

指定第一个角点或[对象(O)/减(S)]：输入字母 o，回车

（"加"模式）选择对象：选择区域外边界多段线

面积 = 4456.6371，周长 = 285.6637

总面积 = 4456.6371

（"加"模式）选择对象：回车

指定第一个角点或[对象(O)/减(S)]：输入 s，回车

指定第一个角点或[对象(O)/加(A)]：输入字母 o，回车

（"减"模式）选择对象：选择区域内部左侧圆

面积 = 314.1593，圆周长 = 62.8319

总面积 = 4142.4778

（"减"模式）选择对象：选择区域内部右侧圆

面积 = 314.1593，圆周长 = 62.8319

总面积 = 3828.3185

（"减"模式）选择对象：回车

指定第一个角点或[对象(O)/加(A)]：回车

练 习 8

　　打开练习 7 第 2 题绘制的手柄图形，使用 Adobe PDF 或其他虚拟打印机设置页面并打印，具备条件时使用物理打印机打印。

［1］董祥国. AutoCAD 2008 应用教程. 南京：东南大学出版社，2008.

［2］文艳，等. AutoCAD 绘图教程. 北京：清华大学出版社，2006.

［3］胡腾，李增民. AutoCAD 2008（中文版）. 北京：清华大学出版社，2007.

［4］郭玲文. AutoCAD 2006 基础教程. 北京：清华大学出版社，2006.

［5］庄宗元. AutoCAD 2000 使用教程. 徐州：中国矿业大学出版社，2001.

［6］缪兵，等. AutoCAD 2008 电气设计典型案例详解. 北京：机械工业出版社，2009.

［7］崔明辉，等. 电路设计与制版 Protel 99SE 基础应用教程. 北京：机械工业出版社，2012.

［8］博创设计坊. AutoCAD 2009 基础教程. 北京：清华大学出版社，2010.

［9］及秀琴，等. AutoCAD 2010 中文版实用教程. 北京：中国电力出版社，2011.

［10］李志国. AutoCAD 2011 中文版基础教程. 北京：清华大学出版社，2011.

［11］张景春，等. AutoCAD 2012 中文版基础教程. 北京：中国青年出版社，2011.

［12］杨柳. AutoCAD 2013 中文版基础教程. 北京：中国青年出版社，2012.

［13］胡正飞，窦军. 工程制图与计算机辅助设计. 北京：人民邮电出版社，2013.